景観学研究叢書
中村良夫＋篠原修 監修

テクノスケープ
同化と異化の景観論

岡田昌彰 著

鹿島出版会

景観学の森へようこそ

　1960年代の末から次第に盛り上がってきた景観への関心が，やがて研究とデザインの両面において，華を咲かせるようになったのは喜ばしい。だがその一方で，学会の論文集の賑わいを見ながら疑問もわいてきた。過去の研究成果を踏まえない，流行にのった底の浅い論文は論外としても，いったい，多岐にわたる複雑な現象のゆたかな記述の中に大事な知恵が隠されている景観の研究において，現象の奥の普遍法則を要約的に追求し，数ページにまとめる自然科学の流儀を鵜呑みにしてその意を尽くせるのであろうか。更にいえば，この著述形式そのものが柔らかな思考を統制し，景観を見る目を曇らせはしないだろうか。
　もとより現象の表情とその価値に注目する景観研究においても，その奥にかくれた法則発見は大事である。だが，法則定立が意味創造ときりはなせない景観研究の知的両義性をおもえば，言葉や表現形式それ自体を方法と考える学問の文体があるのではないか。それゆえ，博士論文級の息のながい景観研究においては現象要約的な短い論文ばかりでなく，言葉をつくした成書の発刊へとそれを結晶させたい，とかねてから考えていた。
　しかも，そのような高い達成は個人の創造力によるしかないから，その著書もまた単著であることが望ましい。しかるに，おびただしい研究集会，執筆依頼，安易な分担執筆に分断された最近の研究者は，細切れの思索の山を築いて仕事をやったと勘違いしてしまう。こういう危うい傾向から新しい学問を救いだしたい。多くの研究者との交流が望ましいのはもちろんだが，それも一方で厳しい知的孤独があったればこそではないか。単著の望まれる所以である。個人の全責任において，みずみずしい展望をひらく苦悩と気迫こそ若い研究者の原体験を築くばかりか，デザインの実務家にも大きな刺激とイマジネーションを与えるにちがいない。
　この叢書に収録した著作は，すべて博士論文の経験を踏まえながら話題をひろげ，読みやすく編集しなおしたものである。いやしくも博士論文と呼ばれる程の研究においては，その課題について指導教官を指導できる水準に達していなくてはならない。それだけの学問的水準と矜持を示しえた達成を選んで広く世に問うことにした。

この叢書に収められた各巻は，その話題においてもまた方法においてもまちまちである。読者におかれては，一見ばらばらなこの課題と方法の多様性をむしろ是として欲しい。解答もさることながら，独創的な問題の発見が尊ばれる景観の研究においては，定式化が研究者によってまちまちになるのはうなずけるし，問題に即して決められるべき方法がまちまちになるのも至極もっともだ。少なくとも博士研究においては，課題や方法の選択について学界による無意識の縄張りや知的統制から自由でありたい。

　つまるところ，この叢書は多彩な問題と方法がせめぎあう空間知のアトリエであり祝祭の場である。あるいは，一本一本の樹形も大きさもまちまちな緑の集合体が，全体として鬱々たる森としてのたたずまいを見せるのに似ているだろう。

　言葉が文化の心であるなら，国土と都市は一国の文化の身体である。その景観について関心を寄せるあらゆる人々にこの叢書を捧げたいと思う。

2002年5月

中　村　良　夫

連帯の学 景観学をめざして

　3，4年前のある日のこと，麗らかな日差しの中で中国史学の泰斗・宮崎市定の『自跋集―東洋史学七十年―』（岩波書店）をぼんやりと読んでいると，ある箇所でハッと頭が覚めた。そこには宮崎が後進の若き学徒のために博士論文出版の労をとり，それが学界にも良い結果をもたらしたと書かれていた。ハッとしたのは日頃の忙しさにとりまぎれて意識下に沈んでいった長年の思いが覚醒されたからである。その長年の思いとは，景観の博士論文は可能なら出版して社会に公表した方がよい，という思いである。

　有り体に言うと博士論文というものは，審査員を例外として誰も読まない。また，その成果を公表すべく，せっかく苦労してまとめ上げた論文をページ数制限から再び細切れにして，載せてもらった学会論文も専門を同じくする一部の研究者以外には誰も読まない。読まない，読めないということは，社会的には，ないに等しいということを意味する。我々の生活から遠い数学や物理学といった純粋理学ならそれでよいのかもしれない。しかし景観学は違う。都市や国土の景観のなかで暮らす市民にも，またその景観形成に責任を持つ都市計画家や建築家，土木技術者などの専門家，さらには政治家にも読んでもらいたい。市民やこれらの専門家，政治家の理解と協力なくしては地域の，あるいは一国の景観の行く末に未来はないからである。

　自身のことを振り返ってみると，いささか薹が立っていたけれど1980年に博士論文を仕上げ，幸運にも中村良夫さんに出版のチャンスを与えられて，論文をもとに『土木景観計画』（技報堂出版）という本を執筆し，1982年に出版した。これは僕にとってはもちろんのこと景観界にも土木界にも，また社会にも良いことだった。専門書であるとはいえ，社会に向けて書くということは，景観に関連する他分野の専門家（半素人）や市民（素人）にわかるように書かねばならぬということで，論理を再構築する，平易に書く，自己の研究を客観視する等，多方面からの知的訓練になるのである。また，本を読んでくれた専門を異にする専門家や実務家のコメント，批評は研究の励みになり，より一層の思考の深化を執筆者に要求する。一方，社会の方は日常に親しい景観の新しい読み方を知り，また，その文化的な大切さを再認識する縁を得るのである。

そして，これは中村良夫の『風景学入門』（中央公論新社）を念頭に置いてのことだが，これらの専門を異にする専門家や実務家，あるいは市民の評価は，景観という学問の存在を，土木，建築，都市，造園，地理，歴史等の諸分野に認知させることにつながり，さらにはその学問を慕って門をたたく有意な若者を生み出し，更なる発展の礎となるのである。

　研究の成果を出版という，誰もが手にとることのできる形で社会に還元し，その社会の批評・評価が研究者を励まし，育てる。このような良い循環が次第に知的蓄積の厚みとなって現れ，それが後世への一種の文化遺産となって残る。

　これが中村良夫と僕が描く「景観学研究叢書」のシナリオである。後は誰が出版の任を引き受けてくれるかである。この度，鹿島出版会の英断により我々のシナリオが現実のものとなった。記して感謝するとともに，叢書執筆陣の奮起を期待してやまない。

2002年5月

篠原　修

テクノスケープ
同化と異化の景観論

Metalphor | 02

目 次

序　章 …… 13

第1章　テクノスケープの発見 …… 19
1.1　芸術のテクノスケープ …… 19
1.2　ランドスケープデザインのテクノスケープ …… 21
1.3　近代化遺産としての産業施設 …… 23
1.4　テクノスケープの位置づけ …… 24

第2章　テクノスケープの諸相 …… 27
2.1　京浜工業地帯のテクノスケープ …… 27
2.1.1　京浜工業地帯の経緯 …… 27
2.1.2　戦前期の「モダン」とテクノスケープ …… 28
2.1.3　戦争直後のテクノスケープと学校校歌にみるイメージ …… 33
2.1.4　高度成長期の京浜工業地帯とテクノスケープ …… 37
2.1.5　近年の京浜工業地帯とテクノスケープ …… 41
2.2　首都高速道路高架橋のテクノスケープ …… 47
2.2.1　設計思想の分類とその位置づけの変遷 …… 50
2.2.2　景観設計思想の分類とその位置づけの変遷 …… 53
2.2.3　首都高速道路に対するイメージの変遷 …… 56
2.3　東京タワーのテクノスケープ …… 62
2.3.1　東京タワーの経緯 …… 66
2.3.2　東京タワーのイメージ変遷 …… 68
2.3.3　エッフェル塔との比較考察 …… 80
2.4　荒川放水路沿いの構造物のテクノスケープ …… 86
2.4.1　荒川放水路の経緯 …… 86

2.4.2　河川敷利用の変遷 …………………………………… *90*
　　　2.4.3　おばけ煙突 …………………………………………… *92*
　　　2.4.4　岩淵水門・小松川閘門 ……………………………… *95*
　　　2.4.5　パブリックアクセスとイメージの変遷 ……………… *96*

第3章　テクノスケープの理論 ……………………………………… *99*

　3.1　形而下のテクノスケープ評価 …………………………………… *100*
　3.2　イメージの分類 …………………………………………………… *101*
　3.3　同化と異化のダイナミズム：各事例の解釈 …………………… *102*
　　　3.3.1　京浜工業地帯のケース ……………………………… *102*
　　　3.3.2　首都高速道路高架橋のケース ……………………… *104*
　　　3.3.3　東京タワーのケース ………………………………… *105*
　　　3.3.4　荒川放水路沿いの構造物のケース ………………… *105*
　3.4　同化と異化のダイナミズム：3つのパターン ………………… *106*
　　　3.4.1　異化→同化・埋没の連続ダイナミズム …………… *107*
　　　3.4.2　テクノフォビアによるイメージの不連続的変化 … *107*
　　　3.4.3　価値転回としての異化 ……………………………… *107*
　3.5　テクノスケープの形而下的特徴 ………………………………… *109*
　　　3.5.1　形而下のテクノスケープと「無意味な体制化」 … *109*
　　　3.5.2　工業景観のエレメント ……………………………… *112*
　　　3.5.3　視点移動によるエレメントの景観変化 …………… *116*
　　　3.5.4　テクノスケープの独自性 …………………………… *120*

第4章　景観異化の方法 ……………………………………………… *125*

　4.1　文学における異化 ………………………………………………… *126*
　　　4.1.1　自動化と異化作用 …………………………………… *126*
　　　4.1.2　メッセージの美的機能：詩的言語論 ……………… *127*
　4.2　美術史にみる景観異化 …………………………………………… *130*
　　　4.2.1　キュビズムにみる異化 ……………………………… *131*
　　　4.2.2　ミニマルアートにみる異化 ………………………… *138*

4.2.3　ランドアートにみる異化 ……………………………………………*141*
　　　4.2.4　枯山水庭園にみる異化 ……………………………………………*150*
　　　4.2.5　景観異化手法の総括 ……………………………………………*154*

第5章　テクノスケープの展望 ……………………………………………*157*

　5.1　テクノスケープの異化 ……………………………………………*157*
　　　5.1.1　対象の操作 ……………………………………………………*158*
　　　5.1.2　コンテクストの操作 ……………………………………………*165*
　　　5.1.3　見立てによる異化：リノベーションの景観的可能性 …………*172*
　5.2　テクノスケープの同化 ……………………………………………*175*
　5.3　テクノスケープの価値の社会的啓発 ……………………………*176*

図版出典一覧 ………………………………………………………………*181*
索　引 ………………………………………………………………………*183*
あとがき ……………………………………………………………………*187*

序　章

　テクノロジー，テクノポップなど，「テクノ」という語のつく言葉が方々で聞かれる．今や伝説となった「テクノポップ」の創始者，イエローマジックオーケストラ（YMO）が全盛期だった1980年代には，「テクノカット」などという髪型までが流行した．

　「テクノロジー」とは本来，勘に頼っていたこと，アナログなことを，数字やデジタルに変換することに大いに関係がある．例えば昔の人は，小さな川を渡るのに橋をかけようとして，まずそこに丸太を渡した．それでうまく渡れることもあったが，体重の重い人が乗ったり，複数の人間が一度に渡ったりしたとき，それが折れてしまう．だから，今度は「どうしたら折れてしまうのか，それを知って防ぎたい」と考え，「何人乗ったら壊れるか」とか，「どれくらいの重さの人が乗ったら壊れるか」などというように，数量でものを考えるようになった．「大体こんなもので大丈夫だろう」から「5人乗ったら壊れるから，3人以上は乗るな」などという考え方へのシフトが起きる．そしてそれは次第にアバウトな重さの単位である「3人」から「200キログラム」などと，より精密な計算で考えるよう進化していくのである．

　今，私たちの身の回りにある構造物，例えば工場とか，橋脚とか，煙突などには，このように綿密な計算を用いた「テクノロジー」によってできたものが多い．もちろん，美しくつくろう！と花などのレリーフを施した建築や橋などもあるが，基本的な形や大きさは計算によって出来ている．例えばガスタンク（図0-1）は典型的だ．球や円柱などさまざまな形があるが，これらの形や大きさは，中に入っているガスや液体の圧力によって決まるのである．「ガスはだいたいこれくらい入れればいいだろう」などというアナログ感覚では，効率よくしかも安全にガスを供給することなどできない．

　私たちが日ごろ使っているインフラストラクチャーや移動手段などさまざまな構造物をつくりだしたり，管理したりするためにはテクノロジーは欠かせないし，必然的に，その任務を担っている構造物はテクノロジーによって計算されてでき

た形をもっているのである。

　このようなシステムによって人間が構築した構造物がつくりだす景観を，特に「テクノスケープ」と呼ぶ．しかし，このテクノスケープというものは，人間の情緒的な思考よりもむしろ，機械的な計算によって形成されることから，文字通り無機質で冷たい印象を与え，"嫌な景観"としてネガティブに捉えられることも少なくない．

　したがって構造物の景観設計では，単に計算だけでものをつくるのではなく，丸みをもたせるとか，色を鮮やかにするとか，気持ちよく温かな模様を入れるとか，どちらかというとそういう「情緒的なカタチ」をもつ造形を取り入れるようなことが多く行われてきている．今やこうした手法が主流とさえいえるくらいだ．これはこれで面白い考え方の一つかも知れないし，このやり方によってうまくいくことも多い．だが，このようなデザイン手法ばかりだと，次第に残念な固定観念を生み出すことにもなりかねない．つまり，「テクノスケープは冷たくて感じのよくないものだから，温かみをもたせるデザインをいつでもしなければならない」という不本意な常識の発生である．この「不本意な常識」に対するアンチテーゼが，この「テクノスケープ論」にはある．

　この本では，テクノスケープのいわば「取り柄」のようなものを探求することが主目的である．そのためにまずは，テクノスケープが歴史的にどのような視点から人々に捉えられてきたのかを追ってみることとした（第1章）．つづいて，現在あるテクノスケープの「面白さ」そのものについても考えてみた（第2章）．そしてその形而下の「面白さ」の理論について考え（第3章），そのなかで評価され

図0-1　ガスタンク（左：群馬県安中市，右：茨城県日立市）

る「同化」と「異化」といった考え方を，逆にさまざまな分野から採用してテクノスケープを検証し（第4章），テクノスケープのあり方を展望した（第5章）。

ところで，「テクノスケープ」という耳慣れない言葉に対して，読者の方は，筆者・岡田昌彰の情熱ときわめて個人的な価値観がたいへん強烈に反映されているという印象をもたれるかも知れない。つまりある種，筆者の価値観を広く提唱するだけの（押しつけがましい）本という印象である。しかし，筆者の意図するところはむしろこれとは対極的だ。構造物のつくりだす景観の「ユーザー（使う人）やオブザーバー（見る人）の立場に極度に偏った価値観を提案する内容」と考えていただきたいのだ。

なぜなら，そもそもテクノスケープには，「設計者」の美的な意図はハナから皆無であるものがほとんどだからである。もちろんいくつか例外もあるが，つくった人は最初から「美しく見せよう」「評価されるような景観を創り出そう」などということを考えているわけでは全然ないのだ。

例えば，図0-2に示した「相模原高架調節池」を見ていただきたい。これは筆者が学会発表や仲間内のスライド上映会などで頻繁に取り上げている構造物である。読者の方のもたれる印象もさまざまであろうが，これを見たほとんどの人は「面白い！」と驚いてくれる。「不思議な形だね」「細部ディテールもきれいだね」「土木のデザインが遅れているなんていうけど，こんな美しいものもちゃんとつくっているじゃないか！」などという感想がいつも飛び交う。

筆者はまだ学生だった1996年にこの構造物を見に行った。といっても，これは偶然の出会いで，当時水道の歴史を研究するため浄水場の広報室で神奈川県内水道関連施設一覧の資料を頂くことがなければ，この構造物の存在には一生気付か

図0-2　相模原高架調節池

ずに終わっていたかも知れない。恐らく地元の人たちにすらあまり知られていないと思う。事実，この「名構造物」は高木の林に囲まれていて，敷地の外から見ることがほとんど不可能なのだ。

　この構造物は，水を高いところ（高架水槽）に汲み上げ，その勢い（これを専門用語では「水頭」という）を使ってさらに下流に流すための単純な施設である。浄水場の係長さんの話によれば，「機能」を果たすことだけを目的に設計されたという。もちろん，設計者は見た目などは最初から気にもしていないというのだ。高木群によって「隠蔽」までされており，周りの住民から見えないようにすらなっているこの構造物に対して，「うそだ！　そうは言ってもちゃんと密かに設計者は考えたはずだよ！」という意見もあるかもしれない。このような好都合な解釈は，現行スタイルの革新を怠るとき頻繁に用いられる言い訳のように思えなくもない。設計者の美的意図とオブザーバーの美的評価の関係は，必ずしも同値とはいえまい。設計者の意図があるのかないのか，オブザーバーや構造物の管理者の視点をも交えて，イタチごっこにすらなりかねない議論は，決して生産的ではない。筆者はそんなことを知りたいわけではない。

　その設計者の非・美的な意図，つまりエンジニアリング（機能）の追求のみによって出てきた形，というのが，時として面白い価値観をもって人に評価されることがある，という事実をここに指摘したいのである。人々が景観を評価する，というときに，テクノスケープがその要素になり得ることを考えていきたいのだ。今のデザイン規範では温かみもなく，とても「優等生」とは言いがたいものでも，そこには私たちがまだ気付いていない「面白い景観」となる潜在的要素が眠っているかもしれない。だから単に機能を果たすだけの無機質な土木構造物だからといって，ポイと捨ててしまうのはあまりにももったいないのである。

　このような議論を続けていくと，ひとつの根源的な問題にたどり着く。そもそも景観の価値とは何なのだろうか，という問題である。当然ながら景観やモノに対する価値観というのは，個人それぞれによって多様である。景観デザインの世界でもこのことがしばしば問題になる。特にそれが「土木景観」となればなおさらだ。なぜなら，土木構造物というのは公共財，つまり「皆のもの」であり，しかも大きくて目立つから，たくさんの人々の目に触れる機会が多く，「皆の景観」ともなりうるためである。しかし，構造物の形は大抵の場合，設計者個人，あるいは多くともせいぜい10人くらいのデザインチームや学識経験者によって決められるのが実情だ。すると，「皆のもの」をつくるのに，「10人くらいの人の価値観」

によってその形を勝手に決めてしまっていいのかどうか，という議論が生じる。これはエンジニアの学者たちから頻繁に発せられる問題点の一つでもある。

つまり，土木構造物は皆のものなのだから，ユーザー，オブザーバー，皆の価値観を統合してその形を決めるべきであり，設計者が勝手に自分たちの価値観を反映させることは不公平ではないか，という意見である。

デザインを研究する一人としては少しもどかしいが，この意見は部分的にかなり正しい。特に，「構造物は皆のもの」という点が非常に重要だと思う。「皆のもつ価値観を投影させる」ためにも，デザインに対して社会的風潮の変化や市民による事後評価がどのように進行していくかという予測をもって設計者はデザインを行わなければならないと考える。この姿勢が少しでも崩れかけているとき，先のエンジニアのような意見が当然，「社会の声」の一部として出てくるのではないか。

設計者がオブザーバー全員の最大公約数への適合を目指して設計することは不可能であるし，その意義も個人的にはさほど感じない。しかし，オブザーバーの事後評価に関心すら示すことなく，自己表現の場としてのみ公共デザインを捉えてしまう姿勢が，設計者や研究者の中に少しでもあるとすれば，それは再考してみなければならないかも知れない。景観の価値を考えるにあたり，テクノスケープへの個人的な関心と同時に，筆者のこのような問題意識が正に本書を執筆する出発点ともなっている。

読者の方には，本書を読まれたあと，是非一度無目的にまち歩きをしてみていただきたい。そこでもし何か不思議な構造物に出くわし，「こんなものもなるほど見方によっては面白い！」などといった発見を一つでもしていただけたなら，本書の存在意義は十分にあったと筆者は考えたい。そしてもしできれば，その発見を筆者と共有していただければ幸いである。

「景観の価値を決めるのは，それを見る人全員である」

これが本書の結論である。

第1章

テクノスケープの発見

1.1 芸術のテクノスケープ

　現在の景観工学研究の中にあって，テクノスケープ研究はよく言えば最先端の斬新な分野，そして悪く言えば既成の景観理論に合致しないはぐれものの理論であり，今まであまり認められていなかった景観の価値を追求する分野，と呼べるかもしれない。言うまでもなく景観を論ずるには「美」の感覚がかなり介入してくる。つまり，景観とは美学を扱う分野の一つであるともいえる。

　筆者が一流の景観研究者であるかどうかについては少し疑問を感じなくもないが，景観工学というごく狭い領域ではあるものの，少なくとも「テクノスケープ」という新たな価値観を発見した人間であると自負している。しかし，そんな筆者の感性など，美学に対してもっとも鋭敏な芸術家はもう80年近くも前にもちあわせていたようだ。その代表選手の一人がアメリカの芸術家，チャールズ・シーラー（Charles Sheeler, 1883～1965）である。シーラーの絵画には，図1-1のように工場風景や近代技術の所産とも言うべき物流の風景などが頻繁に登場する。

図1-1　Charles Sheeler "American Landscape"（1930）

このような絵画の登場には「マシン・エイジ」という20世紀初頭の時代背景があった。これはアメリカを中心として，デザイン，写真，建築，美術などのさまざまなジャンルにおいて，機械を"明るい未来の象徴"として称揚した時代であった。ここでは工業景観の背景にある「明るい未来」が礼賛され，それを人々に感じさせてくれる媒体としてシーラーの工業風景絵画が評価されていたものと考えることができよう。そのほか，近代の絵画界においては，ピカビア（Francis Picabia, 1879～1953）など20世紀初頭の未来派芸術家や，牛島憲之（1900～1997，**第4章**参照）などキュビズムの影響を受けたといわれる日本の芸術家の作品にもテクノスケープが登場している。

次に，写真界に目を移してみると，戦前では同じマシン・エイジの写真家としてアルバート・レンジャー・パッチ（Albert Renger-Patzsch, 1897～1966）らがいたが，彼も工業風景を数多く撮影している。現代のテクノスケープ写真家としてまず挙げなければならないのは，ドイツの代表的写真家，ベルント＆ヒラ・ベッヒャー夫妻（Bernd & Hilla Becher,1931～, 1934～）である。彼らは1960年代頃からガスタンクや巻上機，溶鉱炉，給水塔，冷却塔などをカタログ的に撮り続けている。

日本を代表する美術評論家・深川雅文（1958～）の言葉を借りれば，ベッヒャーの作品はミニマルアートに影響を与えたルイス・ボルツ（Lewis Baltz, 1945～）の作品のように，工業施設の即物的・抽象的な表現が徹底されており，作家の感情や表現意志などは徹底的に抑制・排除されている。対象を正面，斜め45度，90度の3カットから撮影するというベッヒャーお決まりの撮影形態からも，いわばそれぞれの工業施設の"外観"を忠実に再現すること（さらに深川はそのモノの隠された相貌を発見すること，とも述べている）に重きが置かれていることがわかるであろう。同様に，近年わが国においても，畠山直哉（1958～），小林のりお（1952～），福田則之（1960～，口絵参照）といった写真家たちによって，テクノスケープはベッヒャー作品同様にその表層的な美をもって写真芸術に昇華され続けている。

1.2 ランドスケープデザインのテクノスケープ

テクノスケープに着目してみると，近年世界各地では非常に興味深いランドスケープデザイン・プロジェクトが展開している。

そのはしりとして挙げられるのは，テクノスケープを積極的にアピールした

図1-2　ガスワークス・パーク（アメリカ・シアトル市）

「ガスワークス・パーク」（アメリカ・シアトル市）（図1-2）である。この公園は1978年，ワシントン大学のリチャード・ハーグ教授（Richard Haag, 1923〜）によって計画・設計されたもので，シアトル市中心地区近郊に位置するユニオン湖北岸にある。1906年に竣工した同地の旧ワシントン天然ガス精錬所は1956年に廃止され，その後敷地の公園転用を求める声が高まっていた。1962年には市が20.5エーカーの土地を買収し，1970年代にはハーグ教授がガスプラントを「彫刻」として保存活用することを提案している。当時はアメリカでさえも，公園といえば樹木を植えた伝統的公園という概念が支配的であったようで，ハーグ教授の意見に対しては否定的な意見が大多数であったとのことだが，その後教授は市民交流を通してプラント保存の意義啓発を地道に行い，1972年にはついに現在のような形の公園の実現に対し市民の同意を得るに至っている。

　旧ガスプラントの排出した有害な炭化水素処理の問題を解決すべく，敷地には盛土が施され，同時にこれによってガスプラントの変化に富んだ表情をさまざまな高さから楽しむことができるようになっている。さらに旧ガスプラントの排気塔，ボイラー室，発電機などが子供たちの遊び場（play barn）やピクニックシェルターに改造されている。加えて，旧ガスプラントは芝生に覆われた地面から立ち上がることでその存在感が一層強調されており，「現代的廃墟」として公園の重要な位置を占めているのである。旧ガスプラントのもつ歴史性，ダウンタウンシルエットの一望できるユニオン湖北岸という好ロケーション，さらに美的資産としての潜在力（即物的な景観特性）が存分に活用されている例として注目に値するであろう。

図1-3　ランドシャフトパーク（ドイツ・デュイスブルク市）

　このようなプロジェクトはその後アメリカ各地に波及し，例えばペンシルベニア州コプレイやアラバマ州バーミングハムなどに同様のテクノスケープ公園がつくられている。さらにこのような動きはヨーロッパにも広がり，産業考古学発祥の地であるイギリスのほか，ヨーロッパ屈指の一大製鉄業地帯を形成したドイツ・ルール工業地帯のエムシャー地区でも注目すべきテクノスケープ公園が展開している。

　その一つ，エムシャー地区のデュイスブルク郊外に位置する「ランドシャフトパーク」（図1-3）を紹介したい。「ランドシャフト（landschaft）」とはドイツ語で「ランドスケープ」の意である。

　このティッセン（Thyssen）製鉄所は20世紀初頭に創設されたが，日本と同様にドイツも「鉄冷え」の時代へと遷移し，近年は廃業そして取壊しの危機に面していた。しかし大規模な住民運動の末，保存活用が決定し，公園として再開発されている。ここでは溶鉱炉をほぼ当時の形のまま残し，かつての管理用階段を訪問者がのぼって施設の隅々まで見ることができるようになっている。強大国家ドイツの底力となっていた工業施設の「産業史・地域史教育資料」としての価値，さらにそれを超えた「景観構成要素」としての特質がフルに発揮された景観公園であるといえる。

　これと同様の面白さをもつエムシャー地区の公園としては，エッセンの郊外ゲルゼンキルヒェン市にある「ノルドシュテルンパーク」（図1-4）が挙げられる。ここもかつては荒廃した製鉄所跡地であったところであるが，鉱山壁面や人造の地形，各プラントや石炭車が「彫刻」として保存活用されている。ここでも鉱工

図1-4　ノルドシュテルンパーク（ドイツ・ゲルゼンキルヒェン市）

業都市としての過去の栄華を伝える文化施設として，工業施設の再生が図られているのである。

1.3　近代化遺産としての産業施設

　このように近代化遺産として古い工業施設や土木構造物を再評価しようという動きは，もちろんわが国にもある。特に1996年，文化庁が登録文化財制度を導入したことにより，このような施設の保存活用による価値啓発が制度的にも実現してきている。ここで謳われている近代化遺産の評価手法には次のようなものがある（図1-5）[1]。

(1) 技術史的評価（例：国産第一号のボウストリング鋼橋「彈正橋」（東京都江東区））
(2) 意匠評価（例：ドイツ表現派意匠の施された「六郷水門」（東京都大田区））
(3) 系譜的評価
　(3-1) 地域産業史的評価（例：工都日立成立の基礎となった「日立鉱山」（茨城県日立市））
　(3-2) 地域生活史的評価（例：地域風物詩として保存された「岩渕水門」（東京都北区））

　これらは産業遺産の価値を明確化する上で大変有用な評価軸であると考えられるが，気になる点がないでもない。系譜的評価の中には，心象風景や文明の投影

技術史的評価（彈正橋）

意匠評価（六郷水門）

地域産業史的評価（日立鉱山）

地域生活史的評価（岩渕水門）

図1-5　現在の近代化遺産評価

といった意味での景観的評価があるものの，テクノスケープ，あるいは"古くて渋い"構造物の景観そのものに対する評価軸も含まれてよいのではないだろうか。

1.4　テクノスケープの位置づけ

　以上見てきたように，今日まで諸分野で発見されたテクノスケープの価値を概観してみると，その評価の位置づけが大きく2種類に分けられることにお気づきいただけると思う。それは，少し難しい言葉を使うなら，「形而上学的な景観評価」と「形而下学的な景観評価」の2視点である。これは何もテクノスケープに

表1-1　形而上および形而下学的な景観評価

言葉	おおよその意味	例
形而上	無形で"カタチ"の裏側にある意味合い	文明の象徴としての工場
形而下	"カタチ"となって現れているものそのもの	"カタチ"の面白い工場

限った話ではないのだが，内容をわかりやすくするためにここでシンプルに説明したい．

表1-1に示したように，「形而上学的評価」とは，"カタチ"の意味する内容を間接的に評価する姿勢を意味している．例えば，シーラーの絵画や現在の近代化遺産評価におけるテクノスケープの評価がこれにあたる．ここで私たちは，テクノスケープの背後にある文明や生活そのものを間接的に評価していることになる．これに対して「形而下学的評価」とは，たとえばベッヒャー夫妻の写真に見られるように，景観の背景的意味は伴わずとも単純にその表層的な"カタチ"なり雰囲気を評価しようという姿勢である．そこには「文明象徴」あるいは「公害の象徴」などという景観の意味内容は介在しにくく，単に「丸いタンク」「高い塔」あるいは「汚れて何だかいい感じになった水門」などという表層的な形態評価に終始する考え方である．これら2つはともに，特別高級な「美」的感覚などではなく，われわれが日常的に体験している感覚であろう．

このような2種類の景観の評価方法，いわば楽しみ方があることを改めて確認してみると，テクノスケープ，あるいは景観そのものがさらに理解しやすくなってくると思う．現行の景観デザインの位置づけや方針などに対し，自分の考えを整理することも少し容易になってくるかも知れない．

第2章では，具体的な事例を見てみることにしよう．

[第1章　参考文献]
1) 文化庁歴史的建造物調査研究会編『建物の見方・しらべ方』ぎょうせい，1998

第2章

テクノスケープの諸相

2.1 京浜工業地帯のテクノスケープ

2.1.1 京浜工業地帯の経緯

ここではまず，京浜工業地帯において，テクノスケープに対する人々のイメージがどのように変化してきたのかを見てみたい。

首都圏に住んでいても，京浜工業地帯がどこにあるのかハッキリとイメージできる人は極めて少ないかも知れない。現在一般に「京浜工業地帯」と呼ばれてい

図2-1　現在の京浜工業地帯

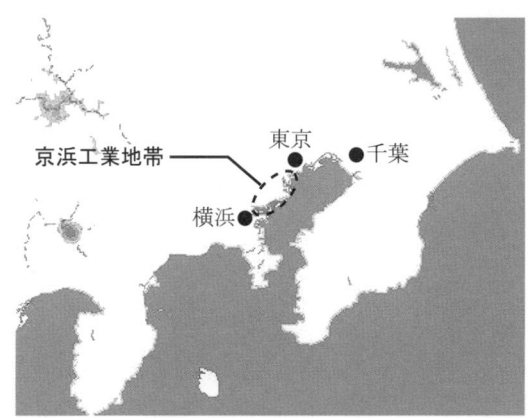

図2-2　京浜工業地帯の位置

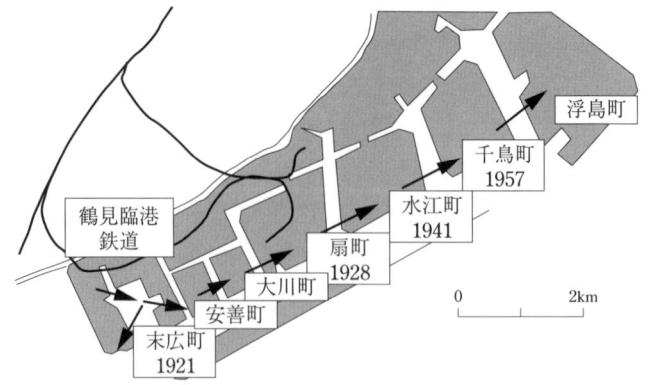

図2-3 京浜工業地帯の埋立

るのは，おおよそ川崎市川崎区から横浜市鶴見区の沿岸部である。ここは現在も石油化学コンビナートや製鉄所，発電所など，大規模で特徴的な形をもつ工業施設が密集しているところである。しかも域内には戦前から物流，原材料や製品運搬用の運河が整備されているため，工業港とはいっても京浜地区では貴重な「水辺」でもあるのだ。実際，休日などにこの地に足を運んでみると，釣りを目的とした訪問者が結構多く，意外な魅力をもつ場所でもあることに気づく。

　それでは，京浜工業地帯とは一体いつごろ現在のような大工業地帯になったのであろうか。実はその歴史はかなり古い。埋立が始まったのは大正2年（1913）であり，当時の日本屈指の実業家・浅野總一郎（1848～1930）によって大規模な工業地帯開発が進められていった。これは通称「浅野埋立」と呼ばれている。

　図2-3からもわかるように，埋立は横浜市末広町から川崎市扇町へと西から順に行われている。また，埋立開始からわずか5年後の1918年には省線浜川崎線が，さらにその7年後の1925年には鶴見臨港鉄道が域内に開業している。そしてこの路線延長と並行して，早山石油，日立造船といった大企業の工場が続々と立地していったのである。

2.1.2　戦前期の「モダン」とテクノスケープ

　埋立が始まった1910年代といえば，明治維新から50年くらいしか経っていない頃である。文化的には「モボ・モガ」などという近代を礼賛する言葉が未だ飛び交っていたような時代に，現在のようなあまりにも人工的な地形が大方でき上がってしまっていたことになる。

　この時代，傑作とでも呼びたくなるほど奇妙な，それでいて非常に興味深いイ

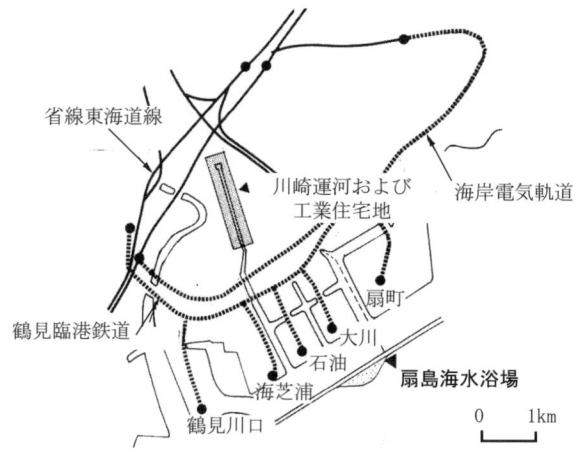

図2-4　戦前の京浜工業地帯

ベントが京浜工業地帯で行われている。昭和5年（1930）、なんとこの地に海水浴場ができたのだ。今では想像もつかないアクティビティといえないだろうか（図2-4）。

　当時、浅野埋立で幅800mという地域内最大の「京浜運河」を浚渫する際、その土砂をどこかに捨てる必要があった。浅野總一郎はこの浚渫土砂を京浜運河沖合いに集中的に集めたので、それがあたかも島のような「人工の陸地」を形成したのだ。人々はこれを「扇島」と名付けた。浅野家の家紋が扇の形をしていたからこのように名付けられた、などという説もある。いずれにせよ扇島は、浅野の工業地開発プロジェクトによって結果的に生じた人工の島であった。

　そして浅野はこの島にも目をつけた。当時この島の周辺は水もかなりきれいであったらしく、ここを「扇島海水浴場」として整備することとしたのだ。しかも、本土側の鶴見臨港鉄道沿線に「海水浴場臨時停留場」という駅を設け、そこから渡し舟で人々を扇島海水浴場まで運ぶネットワークまで確立させてしまう。なんとも大胆な、そして現在にも増して「先鋭的な」プロジェクトと言えないだろうか。各工場の従業員や取引関係者の交通事情を改善するために開通したはずの鶴見臨港鉄道は観光レジャー鉄道に化けてしまったのである。扇島海水浴場はその後人気を博し、昭和11年（1936）には年間入場者が21万2600人にも達するほどの盛況ぶりであった。同鉄道の旅客誘致設備費の変遷データを見ても、海水浴シーズンを含む時期にたくさんの設備投資が行われている[1]。

図2-5　扇島海水浴場の絵葉書（昭和初期）

　この海水浴場と渡し舟の話だけでも十分面白いが，浅野總一郎はさらにもっと面白いことをやっている。それは海水浴場の宣伝である。海水浴場の客寄せのために，この地に近い蒲田にあった松竹撮影所とタイアップし，人気女優によるアトラクションまで行っていたのである。筆者は当時の鶴見臨港鉄道発行の絵葉書が横浜市鶴見区の図書館の書庫にあるのを見つけたが，これは私たち現代人をなかなか楽しませてくれる興味深い「写真」である（図2-5）。
　この絵葉書を見てみると，手前に和服だか洋服だかわからないような奇妙な（これが昭和初期の「モダン」であるに違いない）服を着た美しい女性たち（たぶん松竹の女優であろう）がポーズを取っている。昭和初期にも未だ生きていた日本固有の「粋（いき）」の美学と，新たに流入した西洋的な感性のあまりにも鮮やかな融合をここに見る思いがする。さらにこの女優たちの背景に注目すれば，なんと，工業地帯の煙突群がはっきりと写っているではないか。今日では女優がたたずむ背景にはとても選ばれないであろう風景である。
　つまりこの写真は，女優をわざわざ京浜運河の水辺に立たせて撮影しているのである。扇島海水浴場の航空写真（図2-6）を見ると，岸辺は陸側だけではなく沖側にもあったことがわかる。それにもかかわらずわざわざ女優を工業地帯が見える陸側に立たせ，しかも画面構成の上でも左上の煙突群を意図的に入れて撮影しているように見える。
　当時の工業景観に対するイメージを，正にここに見ることができる。工業景観は新しいアクティビティである「海水浴」というモダンなスポーツにもぴったりとイメージの合う「いいもの」で，「モダン」な，「カッコイイ」存在であったの

図2-6 扇島海水浴場航空写真（1937年撮影）
（資料提供：東亜建設工業(株)）

である。

　これもまた，一見奇抜な仮説の押付けに思われるかも知れないが，これと似た雰囲気をもつ昭和初期の絵画を東京国立近代美術館で見ることができる。当時の代表的な前衛芸術画家の一人である古賀春江（1895〜1933）の1929年の作品「海」である（図2-7）。回るモーターや起重機，飛行船，帆船，潜水艦，そして水着姿の女性が描かれている。空を飛べること，海上や海中を自由に行き来できること，女性が海水浴という新しいアクティビティに参加できること，そんな新しく素晴らしい文明的な時代が工業の発達とともに到来したことが大きな喜びであったことが窺える。また，詩人でもあった古賀春江は，この絵に自作の詩を付しており，進歩することに一途で，そしてそれを心から歓ぶ当時の日本人の素直な感情が表現されているようで感動的だ。併せて紹介したい（次頁参照）。

　関東大震災と帝都復興事業により，東京周辺域は大正晩期から昭和初期にかけて急速な膨張を遂げたことは周知のとおりだが，この急激な近代化と並行して，文学・芸術の世界においても都市の「モダン」を扱った新たな価値観・世界観が社会的評価を獲得している。そのような文学作品の中にも「モダン」の象徴として工業景観を扱ったものが少なくない。

　例えば北原白秋（1885〜1942）である。『邪宗門』などの名作で知られる白秋の名前を聞いて，テクノスケープを真っ先に思い浮かべる人は少ないであろう。だが，意外にも彼は1929年に「鋼鉄風景」という詩を残している。この内容がなかなか強烈で興味深い。

図2-7 古賀春江「海」(1929)

透明なる鋭い水色，藍，紫，見透される現実。陸地は海の中にある。すべる物体，海水，潜水艦，帆前船，北緯五十度。海水浴の女，物の凡てを海の魚族に縛ぐもの，萌える新しい匂ひの海藻。独り最新式潜水艦の鋼鉄製の室の中で，艦長は鳩のやうな鳥を愛したかも知れない。聴音機に突きあたる直線的な音。モーターは廻る，廻る，起重機の風の中の顔，魚類は彼等の進路を図る――眼鏡を取り給へ，地球はぐるっと廻って全景を見透される……

（古賀春江「海」）

神は在る，鉄塔の碍子に在る。
神は在る，鉄柱の頂点に在る。
神は在る，晴天と共に在る。
神は在る，近代の風景と在る。
神は在る，怪奇な期間に在る。
神は在る，装甲車と駛る。
神は在る，ダイナモの霊音に在る。
神は在る，鉄筋の劇場に在る。
神は在る，車輪のわだちに在る。
神は在る，はてしなき軌道に在る。
神は在る，立体の，キュビズムに在る。
神は在る，颯爽と牽引する。
神は在る，天体は鉄鉱である。

神は在る，起重機の斜線に在る。
神は在る，鉄橋の弧線に在る。
神は在る，鋼鉄の光に在る。
神は在る，鉄板の響と在る。
神は在る，モオタアと廻転する。
神は在る，砲弾と炸裂する。
神は在る，一瞬に電光を放つ。
神は在る，鉄工のメーデーに在る。
轢音は野菜を啖う。
神は在る，雷雲に反響する。
表現派は都市を彎曲する。
神は在る，鮮麗に磁気を生む。
神は在る，炎炎と熾っている。

（北原白秋「鋼鉄風景」）

　鉄塔の碍子，起重機の斜線，鉄柱の頂点，タンクなどの工業施設に「神の存在」を謳いあげ，モダンな風景としての工業景観を賛美しているのである。同様の傾向は，白秋に限らず，千家元麿（1888～1948），富田砕花（1890～1984），川路柳虹（1888～1959）といった，大正末から昭和初期を代表する詩人の作品にも見られる[2]。

話をふたたび京浜工業地帯に戻そう。浅野總一郎が工業港湾開発の関連事業で力を入れたのは海水浴場だけではなかった。彼が経営に参加していた京浜電気鉄道（現在の京浜急行）は，大正11年（1922）から「川崎運河及び工業住宅地」一帯を整備し始めている。これは内陸部に住宅地をつくり，その真中を縦貫する運河を掘削し，そこからボート輸送によって工場労働者を京浜工業地帯に通勤させるという斬新なものであった。彼はこの地を，川崎大師を中心とした「第二の浅草」としようとしていたとも言われている。要するに浅野は，住・遊・業つまり生産現場とレクリエーション空間，そして生活空間までをも複合的に開発することを目指していたのである。

　もう一つ，地元川崎市における戦前の教育資料を紹介したい。川崎郷土研究会が1932年に発刊した『川崎郷土讀本』の中に，「川崎便り」という手紙文が載せられている。「工場町の風景」が川崎市の代表的な風景として定着し，工場が住民にとって身近に感じられていたことが読み取れよう。工業地帯の生産活動も肯定的に捉えられているのがわかる。

　……六郷川があるが，流れは油であり，浮かんでいるものは浚渫船や発動機船である。そして町全体が機械のうねりを立てている。同じ活動の町でも，ここは機械の町だ。間断なく回転しているここは機械の町だ。……僕もこの機械の町を回転させている一人かと思うと気が奮い立つ。　　　　　　　　　　　　　　　　　　　　　（「川崎便り」）[3]

　昭和初期の人々が工業風景に抱いていた感情には極めて肯定的なものが含まれていたようである。そしてその背後には，「成長は美学」という殖産興業思想に加えて，近代産業が育んでいた何とも粋な文化を礼賛する姿勢が介在していたものと考えられる。日本文学や美術，そして建築界においても現代にはない数々の傑作が生まれていた時代がこの"昭和初期"であったことを考えると，工業施設たちも幸福な時代を過ごしていたのかも知れない。

2.1.3　戦争直後のテクノスケープと学校校歌にみるイメージ

　このような「産業と文化の蜜月」とでも言うべき華々しい時代は残念ながらそう長くは続かなかった。日中戦争，そして太平洋戦争での戦時の倹約主義の中でそれまでせっかく育まれてきた文化が「憎むべき贅沢」の一つとして一掃されてしまうのである。例えば当時の建築界においても，昭和初期にはアールデコや表現派という表現豊かな装飾やフォルムがせっかく台頭していたのに，その後そうした装飾を極度に排除する「インターナショナルスタイル」が次第に増えてくる。

インターナショナルスタイルは当初しっかりした理念に基づくものであったにせよ，豊かな建築表現や文化的空間は，結果的に「贅沢は敵」という戦時の行き過ぎた倫理観によって希薄化されてしまうのである。

そうした戦時体制の中の顕著な例としてまず，戦争の激化する昭和18年（1943）に「扇島海水浴場」が営業を停止してしまう。鶴見臨港鉄道の報告書によれば「昨年より海水浴場開催が不可能となったため営業を停止する」とある。なぜ不可能になったのだろうか。この理由は報告書には残念ながら書かれていないが，当時神奈川県で「扇島残滓埋立事業」というプロジェクトが展開していたのがその一因と考えられる。これは工業地帯から発生する廃棄物やゴミを，この扇島にどんどん捨てて埋め立ててしまおう，という計画であった。

時代的にも，「業」を極度に優先する政策が取られはじめていた。ましてや戦時中にあって「遊」を目的とした施設など言語道断だったのであろう。浅野總一郎の住・遊・業の複合的な地域開発も，中止を余儀なくされる。東京地域屈指のレクリエーション施設であっても，お国のための"産業利用"とかち合ってしまえばひとたまりもなかった。

戦時であるから仕方ないといえばそれまでだが，何やらこの時期の一方的な文化否定の発想が戦後もずっと続いてきてしまったことにより，江戸・明治以来日本が地道に育んできた面白い文化感覚が，ここで完全に抹殺されてしまったような気がしてならない。最近でこそその悲劇に私たちは気がつき始めてはいるものの，それでも長年の後遺症のためか，どうも欧米に追随しようとしているだけで，自分たちの固有のものの楽しみ方を見失っているようにも思える。モノを面白く使うことは罪でも何でもない。これを躊躇させ，そして楽しい発想を阻んでいるものこそ，戦争直前に発生した「文化は無用」という奇妙な倫理観なのではないか。筆者にはこれが残念で仕方がないのである。かつて私たち日本人は素晴らしい感性をもっていた。昭和初期以前にもっていた，工業景観を文化として楽しむほどの豊かで研ぎ澄まされた感性を，何とか私たち現代人が取り戻すことはできないものだろうか。

話が脱線したが，とにかく戦時体制の下で扇島海水浴場は経営が中断されてしまったのだが，しかし（いささか不謹慎であるが）幸運なことにこの「残滓埋立事業」も昭和29年（1954）まで中断されてしまう。恐らく戦争のために残滓を埋め立てる資金もなくなってしまったためであろう。1953年12月発行の『観光施設便覧』（全日本観光連盟）によると，昭和28年（1953）には扇島海水浴場はまだ存在していたようであるが，残念ながら廃業の年は分かっていない。その後の日

本の復興と高度経済成長を考えると，完全に消滅するまでにそれほど長くはかからなかったことと思われる。

　このような背景のもと，人々の工業に対するイメージはどのように変化したのだろうか。ここでは，学校の校歌を取り上げて見てみたい。川崎市沿岸部には発展に伴って戦前から小中学校がつくられており，その当時できた校歌が現在もほとんど継続して歌われている。その歌詞の内容を細かく見てみると，工業風景が巧みに織りこまれていて非常に面白い。例えば，「クレーンの陰に富士をのぞみて　工場の煙軒に流る」，「運河工場大ドック　火を吹く高炉　鎚がなる　生産の街動く街」，「鉄塔が　張れよ胸をと　呼びかける」などである。

　先に筆者が美学者らとフランスで講演会を行った際に，この歌詞を英語に訳して発表してみたが，フランス人，ドイツ人の建築家や芸術家を中心とする聴衆に，抜群にウケた。別に彼らは日本人の実直さを嘲笑したわけではない。何人かの聴衆からいただいた感想によると，このような当時の社会的背景や工場景観の具体的な"カタチ"が，身近な「校歌（School Anthem）」に如実に反映されていることに一種の驚きと感動を覚えた，とのことだった。読者の方も似たような感想を抱かれたかもしれない。

　戦後から今日まで，川崎市は公害問題も多く抱えてもおり，この検証にはいろいろと異論もあるかもしれない。しかしとりあえずここでは純粋にイメージを把握するためのデータとして扱ってみたいと思う。

　ここでは，川崎市教育委員会が1977年に発行した『続・川崎教育史〜学校沿革編』と，筆者が独自に行ったヒアリング調査による情報をもとに考察する。

　まず，工業景観描写が校歌に出てくる割合（以下，「工業景観描写出現率」とする）の変遷を見てみよう（図2-8）。工業港湾の風景は昭和初期より1960年代終わりまでほぼ一定の割合で校歌に歌われているのがわかる。いずれも「富」や「力強さ」を象徴する「いいもの」として捉えられているのだ。

　しかし，このような肯定的な捉えられ方にも，1940年頃から若干変化が見られる。データを細かく見ると，戦前は，「ドック」や「クレーン」，「溶鉱炉」などというわば即物的，そして単一的なものが歌われているのだが，次第にそれが「工場の響き」や「工都」，「文化と工業栄えゆくところ」，「爆音」というように，聴覚的，群像的，そして抽象概念的なものへと変化していくのである（図2-9）。

　このことは，「工業」自体は肯定され続けているものの，それが「直接的に見て肯定する」ものから「あまり見えないけど間接的に肯定する」という姿勢に変わっていくことを意味すると考えられる。つまり，工業景観はいいものとして思

表2-1　川崎市の学校校歌歌詞における工業景観描写の変遷

制定年	1939年以前	1940年代	1950年代	1960年代
歌詞内容	・火を吹く溶炉 ・鎚 ・運河工場ドック ・立つ煙 ・生産の街動く街	・エンジン ・クレーン ・工場の煙	・溶鉱炉 ・鉄の塔 ・あの空あの雲あの煙 ・大川崎の煙 ・火煙 ・爆音 ・鉄塔が張れよ胸をと呼びかける ・文化と工業栄えゆくところ ・工都	・鉄塔 ・回る機械 ・火花 ・工場の響き ・鉄うつ音 ・煙の空 ・のぼる煙 ・工都の栄え ・大工業地

注）調査対象は川崎市内の小学校92校，中学校36校。

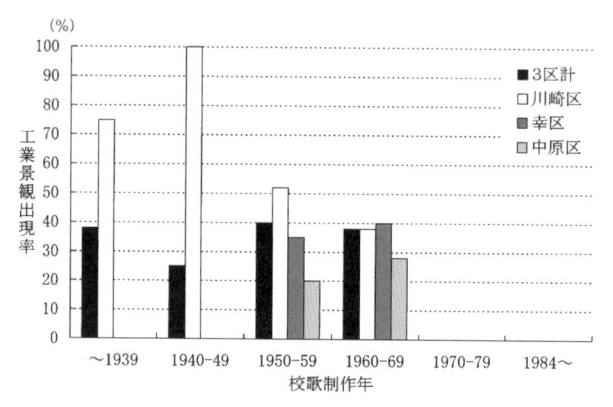

図2-8　川崎市臨海部の小中学校の校歌における工業景観描写出現率の変遷
注）工業地帯に近い臨海部3区の校歌歌詞で，工業景観の歌われている割合を10年ごとに集計。

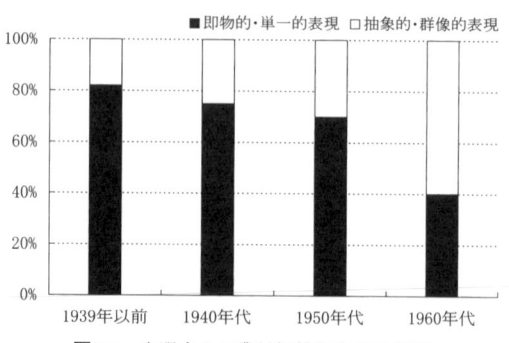

図2-9　出現する工業景観描写内容の変遷
注）各時代区分における工業景観の描写内容の割合を集計。

われ続けてはいるものの，だんだん人々の心から遠いものに変化するのである。
　なぜこんな現象が生じたのだろうか。やはり，人々に身近な扇島海水浴場がなくなってしまったことが大きいのではないだろうか。扇島海水浴場があったおかげで，人々は工業港湾の沖にあるレクリエーション施設を訪れるために工業地帯内を通過する機会があった。海水浴場からも工業景観が見えた。そのたびに，「あの施設群が私たちの生活を豊かにしてくれているんだなあ。ありがたいなあ」と思うことができたのである。しかし，扇島海水浴場が営業停止してしまった昭和18年以降は，工業従業員以外の人々がそのような景観体験をする機会は著しく減ってしまったに違いない。家から遠くに工業景観を見ることはできたかも知れないが，間近で見たり，鉄道から俯瞰でダイナミックな工業景観を見る機会など，芸術家牛島憲之のようなよっぽどのマニアでない限り（?!）得難いものとなってしまったのであろう。「聴覚的」「群像的」「抽象概念的」という歌詞の変化から読み取れるキーワードは，この仮説にも非常に合致するものである。身近な体験をなくしてしまったことで，人々の原風景からテクノスケープが遠ざかっていったことは，時代の流れであったといえばそれまでだが，何やら惜しい気がしてならない。
　テクノスケープの面白さは，もしかしたら戦前の人々にとっては，特別に意識しなくとも既に存分に認識されていたのかも知れない。もし戦争がなかったなら，21世紀の今頃はその面白さがさらに評価され，もっと面白い景観が次々と登場していたのではないだろうか。

2.1.4　高度成長期の京浜工業地帯とテクノスケープ

　終戦を迎えた日本は，朝鮮戦争による特需景気などを経て高度経済成長期に向かう。この経済的発展において主導的な役割を果たしたのは言うまでもなく重工業であった。その中でも東京に近い京浜工業地帯の役割は非常に大きかったといえる。先に見たように戦後も神奈川県は東側へ次々と工業用地の埋立を続行し，そこに続々と新参の企業が工場を建設・拡大していった。
　このような負荷に，環境が耐えるには限界があった。日本各地の主な工業地帯ではやがて公害問題が発生してくる。もちろん，京浜工業地帯も例外ではなかった。川崎市のぜんそくなど，40年近く経った現在においてもその後遺症は未だ暗い影を引きずっているほどである。
　和光大学市民大学講座資料（1993）によると，京浜地区において公害問題に対する住民の関心が顕在化するのは1957年頃から1960年代後半であるとされてい

る。具体的に空気や環境を汚染した原因の特定についてはその後も様々な議論を招いており，本書においてもそれを指摘することはできない。ただ，人々の怒りの矛先が京浜工業地帯に向けられたことは事実であり，少なくとも，それまでのような「私たちの生活を豊かにしてくれるありがたいもの」という積極的な評価は，ここで大きな転換をみることになった。

　このように工業地帯や工場に対する地域住民の違和感や不安が次第に増大していく中で，それを解消する目的で「工場緑化」なるものが政府主導で推進されていった。特に川崎市においては1974年に条例「工場緑化の推進事業に関する要項」が制定され，工場敷地の10％を緑化することなどが定められている。もちろん工場緑化は，それが直ちに環境汚染を防止したり，あるいは公害そのものを撲滅する手段とはなり得ない。しかし，工場に対する親近感や安心感を地域住民に与えられるという期待がこめられており，少なくとも害悪のように捉えられていた工業景観を「隠蔽」することにより不安感を解消することが試みられていたようである。

　また，この時期京浜工業地帯では，工業景観の体験に影響を与える事業がもう一つ行われている。それは「日本鋼管リプレイス計画」（昭和44年（1969））というものである。これは，当時内陸側の各地に点在していた製鉄工場を「人里離れた」沖の扇島に集中させてしまおうという計画であった（図2-10）。ここには，分散した工場を一カ所に集めることで効率を上げる意図のほかに，工場を人々から離れたところに移動させようという意図も垣間見える。実はこの時，日本鋼管をはじめとする工場の排出するSO$_2$（亜硫酸ガス）が問題視され始めていたのである。つまり，公害に対する住民の関心が高まる中で，空気を汚したり騒音を出す既存工場が市街地に近過ぎるのはよくない，といった，それまでになかった考

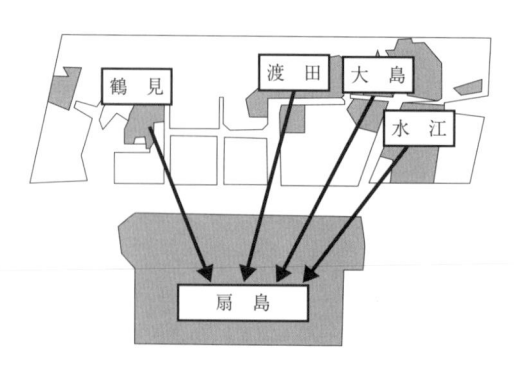

図2-10　日本鋼管リプレイス計画

えがでてきたのである。これは，テクノスケープ観においても全く新しい問題も含んでいた。

その後も大気や海洋の汚染が次第に深刻化し，環境の整備・保全が急務となっていく。昭和30～50年代には「港湾環境整備負担金制度」や「港湾環境整備事業」，「川崎港緑化基本計画」などが施行され，さらに沿岸部の浮島や千鳥公園などの緑地が次々に整備されている。工業景観は"隠蔽・遮蔽されるべきもの"として扱われていくのである（図2-11）。

前節では，戦後，工業景観を体験する機会が少なくなり，疎遠となっていった，と書いたが，この時期はそれがさらに「工業景観体験ゼロ（工業景観抹殺）」に近い状態で空間整備が行われていった。しかもその背後にあった工業に対する「いいもの」というポジティブなイメージも180度転換している。この価値変化はとても大きなものであったに違いない。明治以降ずっと親しまれ続けてきた工業景観が，いきなり「悪魔の化身」へとイメージ転換してしまったのだ。

工業起因の公害に関しては，新聞記事でも度々取り上げられた。その記事数の変遷を追ってみると，およそそのネガティブなイメージの変遷を読み取ることができる。ここでは，1955年から1988年の各年4月・10月における，川崎市とその周辺地域について取り上げられた工業起因の公害記事数を単純に数え上げてみた（図2-12）。1960年代以前はこの種の記事はほとんど見られなかったものの，1960年代前半から次第に月に5～10件単位で現れ始めている。そして1970年代始めに爆発的にその頻度を増して，70年代半ばにピークに達している。その記事数は月当り約100件にもなる。1960年代後半から1970年代前半は，公害対策基本法や大

図2-11 遮蔽される工業景観：京浜工業地帯桜堀公園

気汚染防止法といった公害関連の法律が整備された時期で，公害対策本部が設置されたり，環境庁（現・環境省）が発足したりしていた。こうして国家規模でさまざまな対策が講じられていき，1977年には環境アセスメント条例も公布され，1980年代に入るとこのような記事は次第に減少しはじめる。今日，公害問題自体が消滅したとは決して断定できないが，その出現頻度は波があるものの横這いとなっているのがわかる。

　また，先に取り上げた「校歌」についてもさらにはっきりとしたイメージの変化が読み取れる。工業港湾に関する事象は昭和初期より1960年代終わりまで校歌に歌われていたが，1965年に川崎区東小田小学校で「煙の空」が歌われたのを最後に，歌詞からは完全に姿を消してしまう。それ以降，川崎市の臨港3区で制定された校歌には「工業」は一切歌われていない（図2-8）。

　川崎の市歌においては，もっとドラスティックな措置が取られている。初代の市歌は昭和9年（1934）に市制10周年を記念し制定された。当時の市歌は，「発展する市勢を象徴し，かつ市民に愛唱されるような市歌」を目指して作詞されたもので，第4番まであった。しかし，昭和44年（1969）になると，この歌詞の第3番後半と第4番冒頭が削除され，全3番に改訂されている。削除された部分には，「黒く沸き立つ煙」「工業都市」といった，工業を歌った歌詞が含まれている。公害問題の激化という社会情勢の下で，京浜工業地帯に対するネガティブなイメージが定着したことがこの措置に反映されているといえよう（図2-13）。

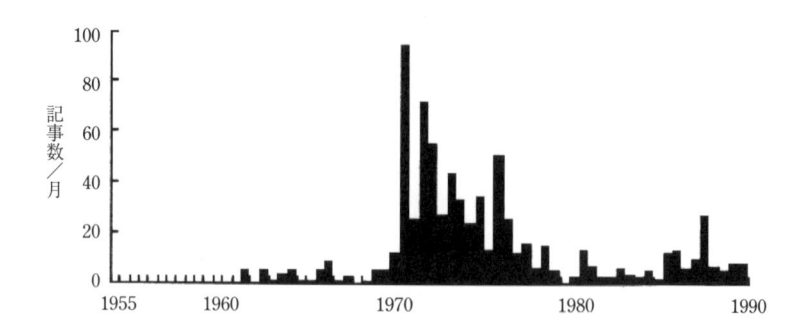

図2-12　川崎市周辺の工業起因の公害記事数の変遷
注）朝日新聞の1955～1988年の各年4月・10月における公害に関する記事数をカウント。

2.1.5 近年の京浜工業地帯とテクノスケープ

　工業景観に対するネガティブなイメージは1980年代頃より沈静化に向かい，今日では，公害問題が未だ議論されるのと並行して，京浜工業地帯を市民に開かれた場所とすることを目指した事業が行われている。「ウォーターフロント・ブーム」の到来した1980年代には，港湾や河岸にレストランやカフェなどをつくり再活性化させようという事業が日本でも盛んに行われた。京浜地区においても工業港湾を"貴重な水辺地区"として位置づけ，特に1990年代後半以降不振を続ける鉱工業の撤退によって発生した遊休地を再活性化しようという試みがあった。

　1992年には，京浜工業地帯における「市民と港の会話」をテーマとして，展望台やレストランをもつ「川崎マリエン」が東扇島に開業した（図2-14，2-15）。ここの展望レストランからは工業地帯が一望でき，そこから眺めた美しい夜景が雑誌などでも取り上げられている。その後も「川崎港内奥運河利用構想」「東扇島食肉祭」「工業港湾見学ツアー」，そして2000年以降は「手塚治虫ワールド構想」「川崎産業ミュージアム構想」など，京浜工業地帯を活用したさまざまな事業計

川崎市歌（昭和9年制定，昭和44年改訂）

1. 見よ東に寄する暁潮（あけしお）　　　　富士の姿を真澄に仰ぎ
　　赫（かがや）く雲を彩る多摩川　　　　　響き渡る**サイレン**
　　今ぞ明け行く我が川崎市
2. 東海道の俤（おもかげ）いずこ　　　　　左右に展（の）ぶる大都の翼
　　高らかに打つ文化の脈搏（はく）　　　　**化学に樹つ栄光**
　　勢（きお）へ努めて若き生命を
3. 巨船繋ぐ埠頭の影は　　　　　　　　　　太平洋に続く波の穂
　　黒く沸き立つ煙の焔は　　　　　　　　空に記す日本
　　翳せ我等が強き理想を
4. 大師に消えぬ御法の燈火　　　　　　　　あがめて興る**工業都市**は
　　汗と力に世界の資源を　　　　　　　　　集め築く基礎
　　今ぞ輝く大川崎市

　　　　　　　太字は工業を歌った部分
　　　　　　　下線部は昭和44年改訂で削除された部分

図2-13　川崎市歌の改訂内容

画が展開されている。

　また，JR鶴見線（旧鶴見臨港鉄道）には，1996年3月まで，歴史的な旧型電車クモハ12054系が走っていた（図2-16）。電車としては珍しい一両編成で，リベットだらけの車体，木製の床，そして「ウーッ」という何ともいえない響きをもつ走行音が魅力的で，鉄道ファンにも人気が高かった。加えて，終着駅の1つ「海芝浦駅」は「日本一海に近い駅」として知られている。これはその名の通り，ホームの一面が海に面していて，改札口から外は東芝川崎工場の敷地になっており，同社の社員証のない一般客はホームから外に出ることができない奇妙な駅である（図2-17）。この「岸壁ホーム」で工業地帯の夜景を肴にビールを飲む。これは自

図2-14　川崎マリエン

図2-15　川崎マリエンから眺める京浜工業地帯

信をもってお薦めできる新風景の究極的観賞法として記しておきたい。

　1980〜90年代に発行された観光ガイドや鉄道小説で，JR鶴見線に触れているもの，紹介しているものを13冊調べてみた。そこでは京浜工業地帯の車窓風景の魅力として①特異な工業景観，②地名の特殊性・歴史性，③ウォーターフロントへの近さ，の3点が挙げられている。②について少し説明すると，JR鶴見線の駅名はどれも不思議なものばかりであり，例えば，「浅野駅」「大川駅」「安善駅」などのようにこの地を開発したパイオニアの名前（それぞれ浅野總一郎，王子製紙経営者の大川平三郎，安田財閥創始者の銀行家で，京浜工業地帯の埋立にも功労のあった安田善次郎）を冠したものや，浅野家の家紋（扇）から命名した「扇町

図2-16　JR鶴見線クモハ12054旧型電車（1995年撮影，1996年廃止）

図2-17　JR鶴見線海芝浦駅

駅」などがある。国道15号と交差する「国道駅」や，先述した「海芝浦駅」も特異だ。戦後廃止された支線には「石油駅」などというあまりにも直截簡明な駅名まであった。いずれも戦前から残る特殊性・歴史性あふれる駅名である。

　いずれにしても，ここで紹介されている工業景観のイメージは明らかにポジティブである。しかしこれは戦前にあったような「成長・躍進」を景観に投影して評価するイメージとはずいぶん性格が違っている。では，投影されている内容が変化したのであろうか。それもおそらく否である。投影しているものが異なっているのではない。近年の工業景観評価においては，投影しているものが実は「無」なのである。

　第111回芥川賞を受賞した笙野頼子氏の『タイムスリップ・コンビナート』には，京浜工業地帯の風景が直接描写されている。田久保英夫氏，大江健三郎氏が評価している如く，奇妙で夢のような空間が鋭い観察力で描き出されている。さらに，1985年に泉鏡花文学賞と交通文化賞を受賞した，宮脇俊三氏の『殺意の風景』を見てみよう。この小説の舞台は京浜工業地帯ではないが，夜の工業地帯を描写した箇所があり，とても面白い。工業施設の特異な形，そしてそれらが360度の巨大スケールで林立する空間に魅力が見出されている。

>　……京浜工業地帯……その景色がまた近未来みたいで面白いんですよ，まさにブレードランナーの世界……風景が徹底しているのだ……いつのまにか私は浅野で下りていた。ホームの前も後ろも右も左も，線路と鉄パイプと変圧器と高圧線で固められている。……その周囲もフードリと工場と石油タンクだ。この世界の中心に来てしまったらしい。海の方向のクレーンと煙突，世界中が鉄の色と鉄に反射する光でぴかぴかして……
>
> 　　　　　　　　　　　　　　　　（笙野頼子『タイムスリップ・コンビナート』1994)[4]

>　……石油コンビナートはどこでもそうだが，人影がない。蒸溜装置，接触分解装置，ガス回収装置が林立し，それらを結ぶパイプが複雑に張りめぐらされているだけである。わずかに再生塔の炎だけが生き物だが，これほど人間臭のない世界は他にはあるまいと思われる。とくに夜がそうだ。半弦の月に鈍く照らし出された銀色の塔の群れ。宇宙基地のようで，無常さえ感じさせる。
>
> 　　　　　　　　　　　　　　　　　　　　（宮脇俊三『殺意の風景』1985)[5]

　近年のテクノスケープ評価は，景観の内包する意味内容ではなく，表層的な"カタチ"そのもの，少し難しい言葉を使うなら極度な形而下学的評価にシフトするものが含まれているのがわかる。これは，畠山直哉，小林のりおといった日本を代表する写真家らが撮影し続けているテクノスケープの描写においても読み

第 2 章　テクノスケープの諸相　　45

取れる景観評価の方法である。この美学的意味については**第3章「テクノスケープの理論」**においてもっと詳しく考えてみたいと思う。

　このようなテクノスケープの表層的な視覚的インパクトは，近年さまざまなメディアでも利用されている。1993〜1994年にかけて放映された工業景観を背景としたスナック菓子の広告（図2-18）や，テレビドラマのオープニング映像やロックのプロモーションビデオ，新聞記事の挿絵（図2-19）など，枚挙にいとまがない。しかし，これらはいずれも「工業」という概念から乖離したテクノスケープの形態的特徴を利用したものである。つまり，工業というある種理性的な行為によって生起した"カタチ"が偶発的に「面白さ」を獲得したのであり，そのような一種の「美」を発見した感性豊かな芸術家が，それを自分たちの作品の中に巧みに取り入れたのである。そして私たちオブザーバーは彼ら啓発者によって露出されたテクノスケープを見ることでさらに感化される。このようなテクノスケープの見方はいまや一般化しつつあるとも言える。

　筆者はこのように意味の抜け落ちた景観としてのテクノスケープの楽しみ方を説明するものとして，ここで「無機的視覚像」という言葉を使いたいと思う。このように視覚像評価が形而下に向かうときこそ，真の意味での「芸術的美学」が生じるように思えてならない。これは工業景観に限らず，土木景観，強いては農業景観（アグリスケープ）にも適用できるものの見方であるかも知れない。

　以上に述べてきた，京浜工業地帯のテクノスケープ・イメージの変遷を簡単にまとめてみると，図2-20のようになる。読者の方はどう感じられたであろうか。

図2-18　スナック菓子の広告に背景として登場する工業景観（明治製菓「アメリカンチップス」）

図2-19　「私が愛した名探偵　室井辰彦」の挿絵（絵：八木美穂子・朝日新聞2000年3月13日号）

テクノスケープが面白いと少しでも感じていただけたなら筆者の本望だが，次節以降でもその魅力がこれに止まらないことを論じてみたいと思う。

　テクノスケープを論じることは，何か新しい景観の可能性を示唆することに通ずる。新しい景観の可能性を示唆することにどれだけ価値があるのだろうか。それは絶大であると思う。もちろん，これから実行される景観設計に，このような新しい価値観を注ぎ込むことで新たなデザインを達成できる，というのも一つの目標だ。しかし，筆者にはこのように単にデザイナーの手助けをすることのみに価値が限定されるとは決して思えない。筆者がこの面白さを伝えたい対象はデザ

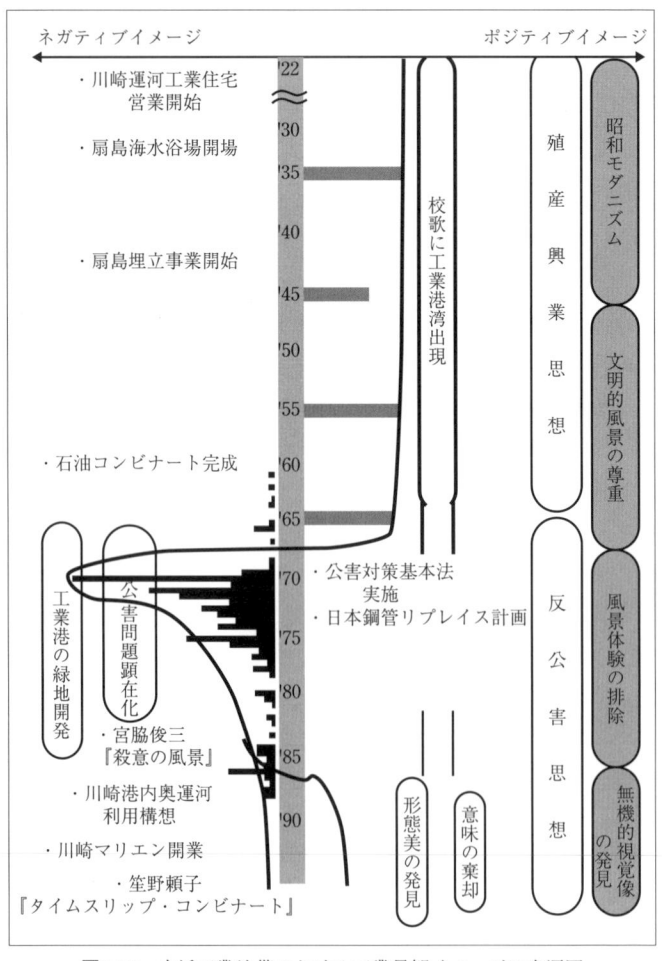

図2-20　京浜工業地帯における工業景観イメージの変遷図

イナーやアーティスト，美学者ももちろんだが，景観工学を専門としない一般市民の方々に対してこそ強く伝えたい「可能性」なのである．現実に私たちの生きる世界に存在している景観，これを楽しむ方法を伝え合うことができたらどれだけ世界が楽しくそして豊かになるだろうか．もちろん，個人の趣味が増えるというメリットもあるが，それ以上に「楽しみ方を知ることによって，楽しむ機会が増える」という単純な因果関係があるのである．誤解をおそれずに言うなら，これこそが景観工学の最も本質的な存在意義であったはずだと個人的には考えるのである．

本書は読者の方とテクノスケープの面白さを共有することを最大の目的としていることを重ねて強調したい．

2.2 首都高速道路高架橋のテクノスケープ

続いてこの節では，首都高速道路の高架橋について，先の京浜工業地帯と同様の見方で論じてみたいと思う．

皆さんは，首都高速道路の高架橋をまじまじと見つめたような経験がおありだろうか．工業景観以上に，町中の高架橋はあまりにも地味な存在ではないだろうか．いや，地味などころかむしろ，下を通る一般道の運転者や地域住民にとっては，高架橋は邪魔で迷惑な存在ですらあるかもしれない．もちろん筆者も，「美」の対象として高架橋を眺めたことなどほとんどなかった．工業景観の研究を一通り完成させた1994年に，一人の優秀な後輩に出会うまでは．

実は，高架橋の美しさに，最初から筆者自らが気づいたのではない．研究室に所属したての若き後輩がその"提唱者"だった．それまで工業施設を研究対象としていた筆者はそれに刺激を受け，2人で研究を進めるうちに，彼の面白がり方が自分の工業景観に対する考え方と似ていることに気づいていった．以来，彼に完全に感化されてしまった筆者は，工業施設のみならずさまざまな土木構造物をも研究対象として関心を広げていったのである．彼も同様の影響を筆者から十分受けてくれたと今は確信している．ちなみに筆者たちはのちに仲間をあと5人ほど加えて，毎年「産業廃墟・テクノスケープ撮影ツアー」なるものを実行するグループを結成している．

あらかじめ断っておくが，次節「電波塔」に関する議論も，仲間の後輩との共同研究によって得られた知見である．リーダーの指導法次第では，共同研究者間の年齢差や経験差はある程度克服できると信じたい．知と感性の交換こそが，互

いの思考の幅と奥行きを拡張させていくのであり，共同研究の醍醐味はまさにここにある。より深い洞察へと研究を発展させる最も効率的なプロセスだと思う。

さて，首都高速道路の歴史は，よく調べてみると意外にも長い。1号線の開通は東京オリンピック以前の1962年である。筆者の人生よりも長い。以来現在に至るまで，首都高速道路は東京の流通・商業活動の大動脈として，モビリティの向上に大きく寄与してきたことは言うまでもない。

しかしながらその一方で，広大な敷地を占有してしまうという，スーパーヒューマンスケールをもつ土木構造物ならではの問題も常に抱えてきた。しかも文字通り，この課題を首都の中心部というデリケートな場所において抱えていたのである。それだけに，建設主体である首都高速道路公団側の景観面に対する取組みは格別の配慮を伴うものであった。

筆者が以前に所属していた民間会社に，首都高速道路創設期を同公団で職員として経験したという上司がいた。彼はいまや業界では名の知れた一流のエンジニア（技術者）であり，筆者も彼を社内で最も敬愛していたが，生粋のエンジニアであるはずの彼がなんとその創設期，景観設計にも携わっていたというお話を伺った。計算を駆使した構造設計に加え，発泡スチロールをカッターで切りながら，技術者チーム全員がああでもないこうでもないと細かなディテールの形を真剣に議論していた時代があったと氏は言われていた。業務が細分化され，互いの存在意義を根本的に理解し合おうともしないまま協働する現在の橋梁設計におけるエンジニア，デザイナーの設計スタイルを見慣れていた筆者にとっては，氏の話はとても新鮮であった。そして創設期のエンジニアがそこまで景観にこだわったその根底には，「都心にこれほど目立つものを我々が設計するのであるから，決して恥ずかしいものをつくるわけにはいかない」という暗黙の共通認識とたゆまぬ自負があったということであった。

確かに，創設期に建設された首都高速道路の造形には，景観工学がこれほど広く議論されている現在においても高く評価されているものが少なくない。そこには近年時折見られるような軽薄な遊び同然と批判される形態も，かといって機能至上主義に陥った無味乾燥な退屈さも感じられない。

これに関連して，日本の建築界にも同様の議論が戦前にあったことを思い出した。建築評論家・松葉一清氏（1953～）の言葉を借りるなら，昭和初期の日本建築界では特に「建築表現の自由」そして「建築表現の倫理」という2つの概念が議論されていたという[6]。とりわけ震災復興期であった1920～30年代においては，古典的装飾やアールデコ，表現派といったいわば装飾主義の最後を飾るべきデザ

イン思想が台頭していたが，一方でインターナショナルスタイルという装飾を極度に排除した建築に価値を見出そうという流れも同時に存在していた。堀口捨己（1895〜1984）らの提唱する「表現至上主義」と，"建築は芸術にあらず，住む機械なり"というあのモダニスト（ル・コルビュジエ）の有名な言葉に端を発した，機能こそ建築に求められるべきものという「倫理観」との確執であった。この両派のどちらが正しいのか，あるいは筆者はどちらが好きかなどという議論を始める気は毛頭ないのだが，当時震災復興事業において鉄筋コンクリート造の小学校や学士会館などの名作の創出に指導的役割を果たし，筆者も敬愛している建築家・佐野利器（1880〜1956）が実に興味深いことを言っているので取り上げたい。

建築なるものを手前勝手に利用して，之（感情表現）を行はんとすることには根底に無理がある。……しかし，（建築の合理的要求を）機械的にのみ考ふることは，此の世の姿とは思はれないほどの恐怖と，さみしさとを出現させることになる訳である。[7]
（「復興後の東京市の面影」，（ ）は筆者が加筆）

つまり平たくいえば，佐野はこの「自由」と「倫理」両方の重要性を十全に理解していた建築家であった，ということになる。長野宇平治，佐藤功一ら同時代の建築家の作品と比べると，佐野の作品は極めて倹約的な側面が強調されているし，実際現在までの近代建築研究においても，佐野の位置づけは構造至上主義者とするのが主流であった。佐野が「構造派」の巨頭と呼ばれている所以である。しかし，ある意味で佐野のデザインには表現的要素も十分に含まれていたのだ。震災復興小学校の代表作である九段小学校（図2-21）などは特に，連続アーチや曲面の多用など，インターナショナルスタイルというよりはむしろ表現派の部類に属する建築として位置づけられている。

このような観点で建築が議論されていることを踏まえた上で，首都高速道路創設期の高架橋（千鳥ヶ淵（1964年：図2-22））などを改めて見てみると，これらは佐野の作品同様，「自由」と「倫理」の絶妙なバランスが取れているように思えてならない。それが具体的にどういう感性によって創造されたものなのかは未だ解明できていないが，筆者の浅い経験と未熟なセンスをもって勝手な発言を許していただけるなら，現時点で筆者が考える昭和初期の建築家，そして創設期の首都高速道路高架橋の最大の共通点は次の2点である。それは，①設計者の滑稽と思えるほどの意気地，そして②大きな自信を前提とした謙虚さ，である。これは自らが未だ発展途上であることを認識しつつ，"日本人であることの意気地"

図2-21 九段小学校

を保ち続けた佐野利器をはじめとする昭和初期の建築家，そして首都高速道路公団における創設当時の取組みに共通してみられる設計姿勢ではなかったか，と考えている．なお，これに関するさらに深い洞察については今後の筆者の課題としたい．

このような背景のもと，首都高速道路はどのような設計思想に基づいて各時代で作られ，そしてそれに並行して人々の首都高速道路高架橋に対するイメージはどのように変遷していったのであろうか．

2.2.1 設計思想の分類とその位置づけの変遷

最初に各時代におけるプロデューサー側の設計思想を振り返ってみたいが，その前にまず，首都高速道路において現在までとられてきた設計思想を分類してみたい．これを考える上で，スイスの構造設計家クリスチャン・メン（1927～）の分類方法が役に立つ．メンは，一般に土木構造物には4つの設計思想（安全性，使用性，経済性，景観）があり，この順番に重要性が大きい，と述べている．「安全性」とは言うまでもなく，土木構造物が壊れることなく，所与の役割を果たすことを意味する．「使用性」とはいわば「使いやすさ」のようなもので，例えば道路の走行性（凹凸がないか，ハンドルは切りやすいか，等）などが挙げられる．「経済性」とは，建設や維持管理にかかるコストのことである．特に最近は建設時のみならずその後の維持管理にかかるコストをも考慮に入れた「ライフサイクルコスト」の考え方が提唱されており，今後も一層重視される思想と考えられよう．そして最後の「景観」は言うまでもなく，構造物の美しさ，面白さ，

図2-22　首都高速道路千鳥ヶ淵付近の高架橋

ということになろう。これはあくまでメン個人の考え方に過ぎないものの，広く一般性をもっている概念であるといえる。

また例えば，わが国で最も信頼のおける土木工学テキストである『土木工学ハンドブック』においても，「土木構造物に要求される諸条件」というものが定義されている。具体的には，「安全性」「保守管理性」「経済性」「耐久性」そして「美観」の5項目である。保守管理性や耐久性はライフサイクルコストを考慮した考え方として大まかには「経済性」に含まれるものとも考えられるが，例えば耐久性向上のための密実なコンクリートの打設奨励などは同時にコンクリートの強度を向上させることにも繋がり，「安全性」に含まれると考えることもできよう。

長年，首都高速道路公団でとられてきた諸技術における設計思想について，メンの分類を参考に表2-2のように分類してみた。

この分類に基づいて，首都高速道路公団史の中に記述されている各時代の設計思想を細かく見てみた。例えば，創設期の1964年には，4号線千鳥ヶ淵で桁高を

表2-2　設計思想の分類

設計思想	内　　容
安全性	強度・耐力の向上
使用性	効率的な機能創出，使用者の快適性向上
経済性	施工期間の短縮，用地節約，資材・労働力の節約
景観	構造物のデザイン，周辺景観に及ぼす構造物の景観的影響への配慮

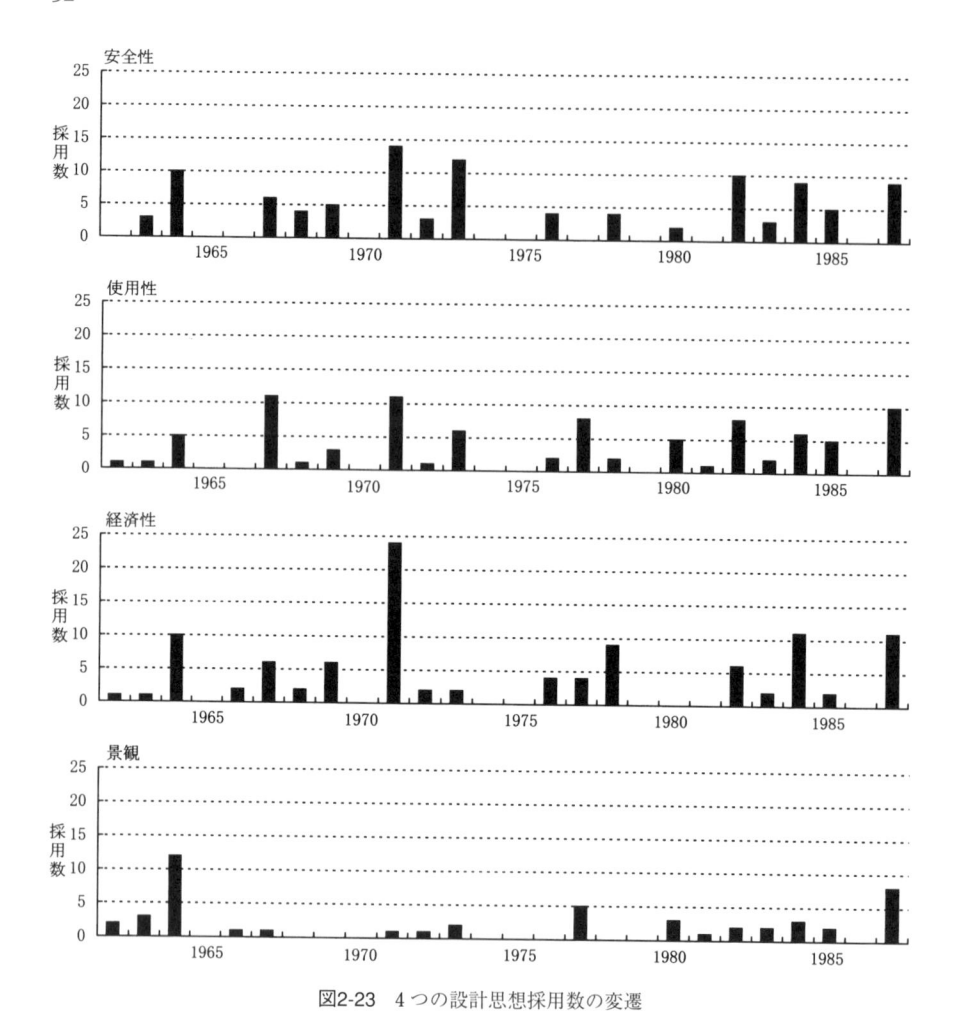

図2-23 4つの設計思想採用数の変遷

抑えるなどの措置がとられている。ここでは同時に施工時の足場を皇居近傍という景勝地において現出させないための措置も取られており，近年の葛飾ハープ橋などとともに「景観」に配慮した思想と考えることができる。また，1963年には1号線の建設時に東品川2丁目〜東大井1丁目の間で，下部工建設による用地取得を回避するために高架橋を桟橋化するなどの措置が取られている。これによって用地取得に要する莫大なコストを回避することができ，いわば「経済性」を追求した設計思想と捉えることができる。

このように，各時代の採用技術数を一つ一つ単純にカウントして，その変遷を

見てみた（図2-23）。「安全性」，「使用性」はほぼ一貫して取られているのがわかる。「経済性」についても1970年代前半に少しピークがあるものの，ほぼコンスタントに取られている。

景観に関する技術はどうだろうか。これについては他に比べて少し特徴的な傾向が見られるのがわかる。少なくともコンスタントではない。1965年以前にその数が多く，さらに1980年代以降また数が多くなってきている。その間は1970年代後半など一部多いところもあるが，いたって少ない。おおむね，「創設期と近年に多い」といえるようだ。

2.2.2 景観設計思想の分類とその位置づけの変遷

それでは，これら景観設計思想の内訳をみたときに，何か時代的な傾向がないだろうか。それが明らかにできれば，現在行われている景観技術の性質をより明確に理解することができるかも知れない。

たくさんのデータの時間的傾向を見るのに最も手っ取り早い方法は，あらかじめ全体を羅列して，それらをいくつかのグループに概念的に分類してみることである（例えば，「KJ法」などがよく用いられる）。そしてその分類というフィルターを通して，時間的な傾向を見てみるのがいい。そうすると例えば，「グループAは，以前はたくさんあったけれども最近は全然みられない」とか，「グループCは以前から今までコンスタントにある」などという傾向を読みとることが可能になる。この方法を使ってみよう。

「生のデータをじっくり見ることを重視せよ！」とは以前土木工学科の研究室にいたときからよく先生に言われていたことだが，確かにこれは重要な作業である。まず，今まで行われてきた景観技術を並べて，じーっと考えてみた。いろいろ考えているうちに，まず景観技術全体が大きな1本の軸によって分類できることがわかった。いたって単純なことなのだが，つまりそれぞれの技術において高架橋の外部景観を「積極的」に捉えているか，または「消極的」に捉えているか，ということである。例えば，細くスマートな形，特徴的な美しい形として設計したようなものは，都市景観形成要素として構造物の存在を「積極的」に操作する例である。逆に，植栽を植えて構造物を覆い隠す，などというのは「消極的」な方法，という分類だ。ましてや，トンネルにして一切地上から見えなくしてしまおう，などというのは最も「消極的」な方法に分類される。

このように「積極性／消極性」に着目し，景観技術全体を分類しようとすると，今度はそれに段階があることに気が付く。消極的な順番に並べると，遮蔽／代

表2-3　景観設計思想の分類

景観の扱い	景観設計思想	内　　容	具　体　例
消極的 ↕ 積極的	遮蔽	外部景観の消去	トンネル化（1964　皇居・迎賓館付近） 半地下化（1962　銀座付近）
	代償	代替的な環境代償設備の設置	環境施設帯設置（1979　港区白金付近） 高架下の公園化（1977　板橋区内）
	緩和	視覚的インパクトの緩和	化粧パネル，外装板の使用（1989　六本木付近）
	顕在	外部景観の積極的アピール	構造物の造形的アピール（1964　皇居付近） 命名による顕在化（1990　横浜ベイブリッジ）

償／緩和／顕在の4つとなる。この分類が的を射たものか否かについて統計的な分析（多変量解析など）を行うほどデータ数はないが，大まかな傾向を見るには結構役に立つ（表2-3）。

　最初の「遮蔽」とは，構造物の存在をことごとく隠してしまおう，というものである（図2-24）。例えば1964年には皇居・迎賓館付近で首都高の徹底的なトンネル化が行われた。皇居，そして明治のフランス派名建築家・片山東熊（1854～1917）の設計した豪勢な迎賓館の姿を考えれば，既存景観を完璧に維持するための措置として高架橋の姿が隠蔽されたのも頷けよう。また，横浜において地元の努力によって首都高の地下化が実現したことは有名な話である。しかし当然ながら，このような存在感の完全なる消去には限界もある。コストはかさむし，だいいち地下鉄などこれほどたくさんのインフラが地下に埋まってしまっている東京において，トンネルを掘削することは時代とともに困難になってきているに違いない。事実，「遮蔽」は初期と70年代半ばに5件見られるのみである。

　2番目の「代償」とは，高架橋がそこに存在することに対する代償措置として，緑や環境施設帯を設置するというものである。これらの中には公園として整備されているものもある（図2-24）。

　真田純子によれば，"公害問題が顕在化する時期あたりから「緑化」が環境破壊に対する代償措置として使われるようになり，それが法制度化されることによって通念的に用いられるようになった"とある[8]が，首都高速道路においても同じような傾向が見られる。この措置は公害問題顕在化期（1960～70年代）以後多く存在しているのだ。もっとも，それ以前にも高架橋下にある街路に植樹したりとか，半地下化された高速道路上に「公園橋」を設置するなど小規模なものがあったが，公害問題顕在化以降は沿線の住民運動の高まりなどとともに，環境施設

図2-24 遮蔽（左：1号線銀座付近）および代償（右：5号線高島平付近）

図2-25 緩和（左：6号線浅草付近）および顕在（右：横浜湾岸線鶴見つばさ橋）

帯や高架下全体の公園化など大規模なものが目立ってきている。

　3番目の「緩和」は，化粧パネルや外装板などを貼ることによって高架橋の存在感をできるだけ抑え込もうというものである。形自体を操作するものよりもむしろ，化粧パネルなどによって表面のテクスチャーを操作するものがほとんどである（図2-25）。この措置は1980年代前半までほぼ一定の割合でとられていたが，近年大幅に増加している。特に1987年にはじまった「首都高速道路美化対策7ヶ年計画」以降は化粧パネルを用いた高架橋美装化工事が数多く行われている。

　そして4番目の設計思想として，高架橋の外部景観を最も積極的に採用する「顕在」がある。構造物の力学的形態を積極的に造形要素に取り込もうという，

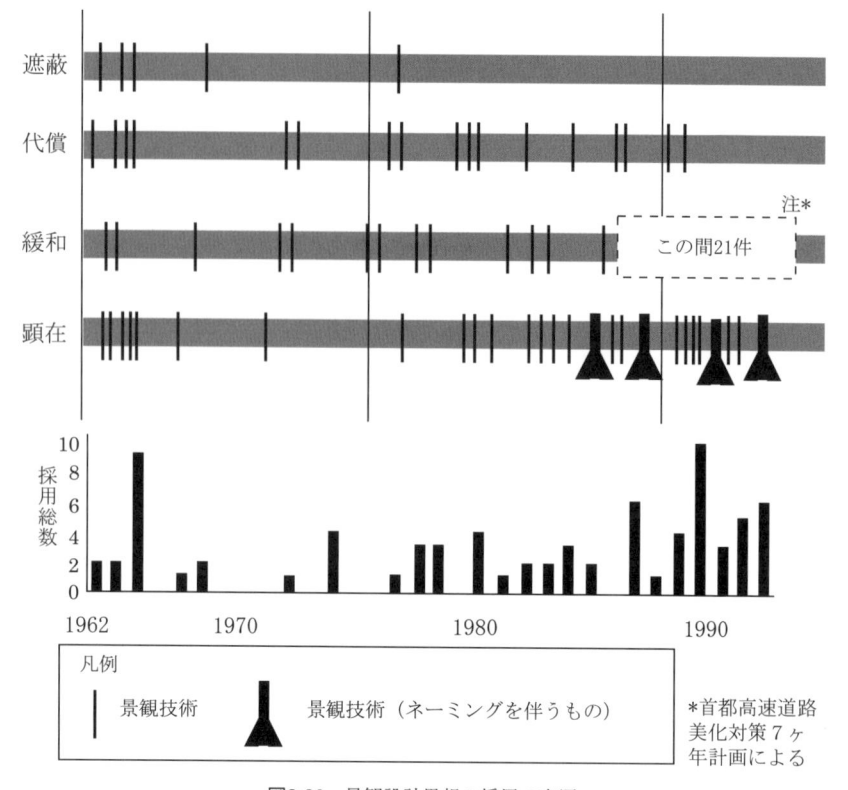

図2-26 景観設計思想の採用の変遷

いわゆる「構造デザイン」が三宅坂インターチェンジ（1964年）など創設期にとられている。それに対し，近年は「鶴見つばさ橋」などの命名による顕在化や，斜張橋など特徴的な形を積極的にアピールする例が多くみられる（図2-25）。

これら4つの景観設計思想の採用の変遷を図示すると，図2-26のようになる。

2.2.3 首都高速道路に対するイメージの変遷

このような景観設計が首都高速道路高架橋について検討されてきたわけだが，それでは実際人々は眼の前の高架橋景観についてどのようなイメージを抱きつづけてきたのであろうか。残念ながら首都高速道路については，前節の京浜工業地帯の工業景観で見たような豊富なイメージ資料は出てこなかった。したがってそのイメージ変遷をきっぱりと理論的に示すことは困難である。ただし，その大まかな傾向は断片的資料からもおおよそ把握することができる。

首都高速道路が既存の都市景観に与える影響は甚大だ．これは，巨大な構造物に対する普遍的性質といえる．しかも，負のイメージをもって捉えられてしまうことが少なくない．これは何も創設期に限ったことではなく，現在も「視覚的インパクトが大きすぎる」「圧迫感があって嫌だ」という意見があるように，高架橋に対してある程度コンスタントに与えられる普遍的イメージだとさえ言えるのだ．

　創設当時に限って言えば，特に4号線が1963年12月に日本橋の真上にかかり，日本橋本来の景観を台無しにしたと非難されたことは有名である．これに対し2001年3月に国土交通省により設置された「東京都心における首都高速道路のあり方委員会」では，現在の日本橋の首都高高架橋の動線を移動し，日本橋周辺の都市景観を回復することが検討されている．

　しかしその一方で，創設当時にはこれとは全く対照的なイメージも存在していたのである．それは，首都高速道路は未来の東京そして日本を築くためのモダンですばらしい文明的構造物だ，というイメージである．これは京浜工業地帯で概観した昭和初期のモダニズムを背景とした工業景観の評価にも通ずる姿勢である．いわば，形而上学的に「文明」「豊かさ」というものを構造物に投影して評価しているのである．

　創設期当時の新聞や雑誌の記述などの中からこのような例を少し捜し出してみた．

　交差点も信号もない夢の道路が，そのダイナミックな姿を現してきた．
　　　　　　　　　　　　　　　　　　　　　　　　（読売新聞1962年10月14日号）

　江戸橋インターの曲線美，ダイナミック，流動感，構成美．
　　　　　　　　　（十返千鶴子「高速道路と自動車No.6」㈶高速道路調査会，1964）

　もし東京に名所があるとすれば，それは自然から乖離した丸と三角の巨大で抽象的な建造物とこれに投射する夜の光の景観だろう．……アブストラクト東京の造形美，近代化した交通路のダイナミックな形態，それらが人工光に映し出された感覚美，おのれの造形への驚き，それが名所だ
　　　　　　　　　　　　　（楢崎宗重『北斎と広重5　江戸百景』講談社，1965）

　（昭和30年代の）人の立ち入りを許さない自動車専用道路が，風景を切り裂いて一直線に建設されるさまを目撃したとき，誰しも興奮気味であった．
　　　　　　　　　　　　　　　　　　　（富岡畦草『消えた街角—東京』玄同社，1992）

これらの感性は現代のものとはずいぶん異なっているであろう。創設当時，首都高速道路はこのようにとても斬新でモダンな構造物であったのだ。折しも時は1960年代，東京オリンピックが開かれ日本がいよいよ高度経済成長時代へと邁進する頃である。桁高・スパンの統一や横桁の主桁への埋込みによる表面的連続性の確保などによって造形的洗練が施され，しかも積極的に景観形成要素として設計されていた高架橋は，ひときわ大きな感動を伴って当時の人々の心にその美しさを訴えかけていたのかも知れない。

　技術的な面から考えてみても，首都高速道路は創設当時から，工場製作のプレテンションプレストレストコンクリートや高度解析技術による連続立体ラーメン構造など最新の技術を用いて設計された。加えて過去をはるかに上回る高いモビリティも実現させており，その外部景観は新しい時代を強く印象づけるものであったと理解できる。当時はまだ目新しかった自動車が高架の専用道路を走る姿は，豊かな物質文明のもたらした近代的風景そのものであり，このように「夢の道路」「ダイナミック」という言葉に表されるような憧憬の念をもって市民に受け止められていたものと考えることができる。

　しかし，このような首都高速道路も，京浜工業地帯同様，1970年頃より大きな転換期を迎える。自動車公害問題が顕在化するのである。首都高速道路が自動車公害の発生源の1つであったことは疑いのない事実であろう。皮肉にも，都心地域のモビリティ向上に最も貢献した首都高速道路であったが故に，自動車公害問題の発生源としてのレッテルを貼られる結果となってしまったのである。

　首都高速道路を名指しで非難するものではなくとも，自動車に関連する公害がある程度首都高速道路へのイメージを反映しているものと考え，1960年から1993年までの6〜8月の朝日新聞における自動車関連の公害記事数をカウントしてみた（図2-27）。ここにも京浜工業地帯の場合と似たような傾向が見られ，1970年になって急激に記事が増加しているのが分かる。後に排ガス規制や防音壁の設置など環境対策が行われるが，これと同時に公害記事数も減少し1980年代以降は横這いとなっている。

　それでは，近年はどうであろうか。もちろん，今でも自動車公害問題は各都市の重要課題の1つであるし，その問題は議論され続けている。しかしながらその一方で，ふたたび首都高速道路の一部が「いいもの」として評価され始めていることも事実である。

　1980年代後半以降に発行された東京近辺の旅行ガイドブックを見てみよう。ここには，「葛飾ハープ橋」「横浜ベイブリッジ」「レインボーブリッジ」「鶴見つば

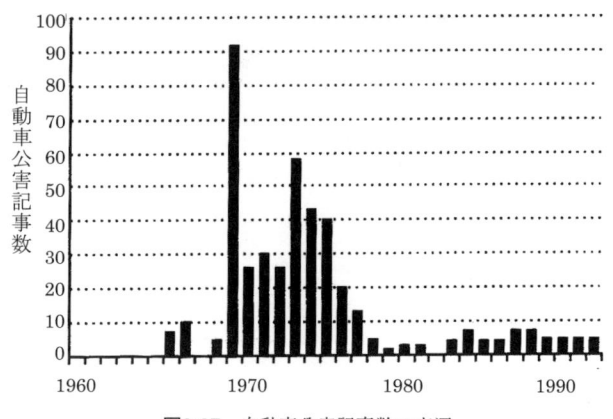

図2-27　自動車公害記事数の変遷

さ橋」などが観光コースとして登場している。さらに横浜ベイブリッジに関しては，首都高上部工の直下に「スカイウォーク」という遊歩道が整備されている。ここから眺める横浜港の夕景はなかなか美しい。実際それを知って訪れる人々の数もいまや驚くほど多い。筆者も長く横浜に住んでいたが，ここは最もお薦めできる横浜の名風景スポットとして挙げておきたい。

　しかし，実はもう一つ推薦したいスカイウォークからの眺めがある。それは，展望室から見る陸側の夕景ではない。そこから90度体を回して，いわゆる「橋軸方向」，つまり橋の上部工を真下から眺めるものである（図2-28）。そんなものの何が面白いのかと思われるかも知れない。事実筆者もここを訪れてその景をカメラに収めた時は実に自分はマニアックだと感じた。誰も気に留めない新しい風景を発見した，という（いつもの）一種天邪鬼的な快感があったものだ。しかし，この研究を続けているうち，何冊かの観光ガイドブックに既にその景の写真が載っているのを見つけた。そこにはしかも，こんなエッセーまでついている。

　　橋脚の下部などなかなか間近で見られるものではないし，風が吹くと少し揺れたりするのも，どきどきして楽しい。　　（『JTBの旅ノート　横浜』JTB出版事業局，1993）

　この文章中の「橋脚」は実際は「橋げた」の誤りなのだが，かなり示唆に富む記述である。筆者の一つの発見が決して新しいものではなかった，という落胆に加え，筆者と同じような感覚をもってものを見ている人が，徐々にではあるが着実に増えている，という驚きと歓びの錯綜した感覚が湧きあがってきたものであ

図2-28　横浜ベイブリッジ・スカイウォークからの景観

る。さっそく，共同研究者らの間で議論を交わし，以来筆者たちは，一般的なメディアにおいても，このような感覚で「近接視点場」からの高架橋の景を楽しむような内容を記したテキストがないか，と意識しながらながめるようになった。以後数年かけて，このようなテキストをいくつか発見することができた。

> 美しい壁面のビルも楽しいが，コンクリートや鉄材の地肌がむき出しの，のしかかってくるような高速道路の支柱とか，橋の裏側を眺めるとき，こちらの肌までざらついてくる感触にも，僕は創造力を刺激されます。
> （日野啓三『都市という新しい自然』読売新聞社，1988）

> 千鳥が淵水上公園の面白いのは，真ん中を首都高速道路が通っていることだ。ボートで首都高の下をくぐる時の気持ちは何とも言えない。東京の風景だな，という気になる。
> （如月小春『私の耳は都市の耳』集英社，1986）

可惜（あたら），今やともに故人となってしまった作家・日野啓三（1929～2002），劇作家・如月小春（1956～2000）両氏は，いわば美的発見をリードする作家たちであった。しかし，同時に彼らはともに大衆芸術を追い求めた芸術家でもあり，ブラウン管や新聞などにも頻繁に登場する庶民的アーティストでもあった。先の観光ガイドにおける執筆者が日野氏や如月氏に影響を受けたとは断定はできないが，少なくとも景観の価値というものはこのような感性豊かな人間によって発見され，それがメディアを通じて不特定多数の人間によって共有されることで醸成さ

れるものなのかも知れない。日野氏や如月氏のように不特定多数の人間に発信する手立てをもっているか否かによっても，その価値を広く共有できるか否かが決定されるのである。

　話を首都高に戻せば，これらの著作が書かれた時点ではこのような審美眼は未だ人口に膾炙してはいなかったものの，その存在が一部の作家などにより指摘されはじめていたものとして注目に値する。そこで指摘されているのは，質感，そして如月氏が1995年に他書[9]で言及するような「無機的」な面白さであろう。

　さらに言うなら，ここでもテクノスケープ賞玩形態の「形而下化」が見られるのである。

　以上，イメージ変遷を概念的にまとめると図2-29のようになる。

2.3　東京タワーのテクノスケープ

　続いてこの節では，テクノスケープのもう一つの例として「東京タワー」を取り上げてみたい。

　あまり知られていないが，もともと東京タワーは「電波塔」である。その名の通り，電波の送受信・中継を役割とする構造物だ。今でこそ東京のシンボル的な存在であるが，その姿かたちはメタルのトラスを組み合わせたテクノスケープそのものである（図2-30）。

　日本国内には各地に同じような電波塔が点在する。特に大都市においては，電話会社やテレビ局の巨大な電波塔が必ずといっていいほど立っているのを読者の方もよく目にされているだろう。これらは背が高く，しかも都心もしくはその近郊（多くの場合，丘の上など）に位置しているため，とかく目立つ。この目立つことを利用してテレビ塔を夜間ライトアップするような事業が，仙台市や室蘭市などで行われている（図2-31）。

　しかし，これらの電波塔をはるかに圧倒する事例が，茨城県南西部の三和町という小さな町にある。ここにはさまざまな形式の電波塔が無数に点在しており，それらが形成する風景はまさに異次元の世界としか言いようがないほど面白い（図2-32）。この光景は『アンテナのある風景』[10]という写真集で1990年代にも紹介されてはいたが，まさかこんな郊外にこれほどまで広大な敷地に林立する電波塔群があることなど，現在ですらほとんど知られていないであろう。

　単純に三和町の電波塔群と東京タワーの面白さを比較したなら，その敷地面積の規模や集積度の面でもどう考えても三和町に軍配があがるように思う。構造物

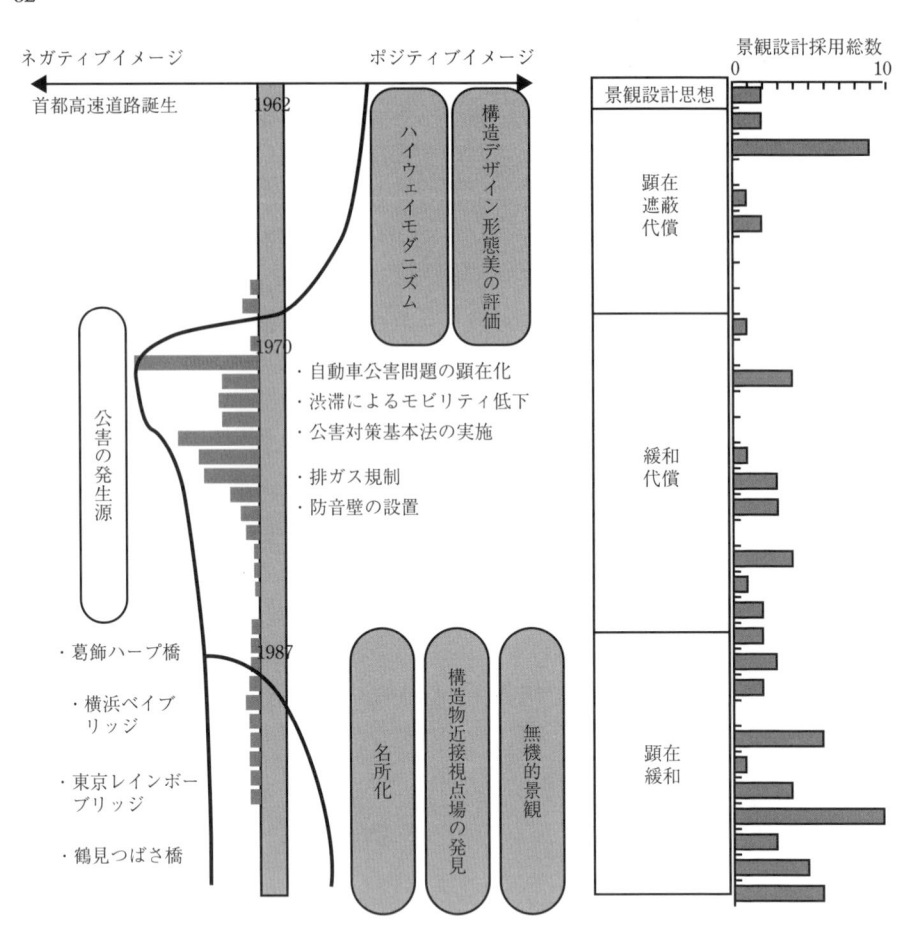

図2-29　首都高速道路のイメージ変遷図

図2-30　東京タワー近景

の形自体にもさほど差があるとは考えにくいし、ましてや東京タワーの方が洗練されているとも言いがたい。しかし、その知名度は断然、東京タワーの方が高い。

やはり、大都市東京に位置する、ということが大きな原因であろうか。地元東京の人々は東京タワーに関心をもっているのであろうか。そもそも、電波塔の形状とはどのような心理を私たちに喚起してくれるものなのか。

一度、この共同研究を行った後輩と、ごく簡単な調査をしてみたことがある。日本各地に住む知人たちに、「東京のシンボルは何だと思うか？」という質問のe-mailを送り、回答してもらったのである。すると一つの興味深い傾向があった。東京のシンボルとして「東京タワー」を挙げた回答者のほとんどは、地方出身者だったのである。

確かに東京出身者の中には何故か東京タワーに一度も登ったことがない、という人が少なくない。関心もあまり高くないように思われる。逆に筆者のような地方出身者にとっては、東京タワーに登ることこそがまさに「上京する」ことの証であった。ちなみに筆者は東京タワー展望台の売店で購入したタワーの模型をいつも机の上に置いていたが、このように東京タワーに執着すること自体がイナカモノの属性の一つとして捉えられかねない。このことについては別の場所で考えていきたいが、少なくとも東京タワーは「人々がテクノスケープに抱き得るイメージ特徴」の一部をいろいろ説明してくれる題材となりそうである。

東京タワー以外の電波塔では、例えば札幌や名古屋の電波塔が有名である。いずれも大通り公園の敷地内という好立地条件ということもあり、ほとんどの観光ガイドブックにも登場している。海外ではフランス・パリのエッフェル塔、アメ

図2-31　室蘭電波塔群（室蘭市測量山）

図2-32　KDD八俣送信所の電波塔群（茨城県三和町）

リカ・シアトル市のスペースニードル（図2-33）などがすぐに思いつくが，これらはいずれもパリやシアトルを代表する風景要素の一つになっていることも事実だ。

さらにもう一つ，塔状構造物の特徴を示唆する言葉がある。マグダ・レヴェッツ・アレクサンダー（Magda Revesz Alexander）がその著書『塔の思想』の中で次のように述べている。

> 塔とは上方を志向するもの，垂直上昇の理念を具体化したものであり，実用的には機能をもたないものか，もつとしても二次的な意味しかないものである。塔は，実用建築物以前のものであり，非現実的で，精神的目標をもつものである。[11]

つまり，塔状構造物は「高さ」という点でわれわれに実用性以外のさまざまな意味を連想させてくれる，というのである。

少し観点をずらすが，そもそも土木構造物や工業施設というものは，ある種機械のようなもので，言うまでもなく与えられた特定の機能を満足するための装置である。しかし，洗濯機や自動車などの機械と比べて根本的に違うところは，土木構造物や工業施設の扱う機能のスケールがとてつもなく大きいということだ。例えばダムなどは洗濯機などに比べ気が遠くなるほど大量の水を溜めておくための装置であるし，発電所は1日当り何百万人分の電気を起こし，それを各地に送るための装置である。その稼動容量の大きさとともに，必然的に構造物のスケールも巨大となるのだ。

図2-33　スペースニードル（シアトル市）

　東京タワーという電波塔もそうである。東京から発信する電波を，何百キロも離れた遠隔地に一気に飛ばすための装置である。任務として課せられた，人間離れした「電波送達距離」が，その異様な高さとなって現れているのである。
　加えて，東京タワーにおけるイメージを考える上で，それが竣工した年代が1950年代の終わりであることが非常に大きなポイントとなっている。昭和33年（1958）という時代は日本にとってどういう時代だったのか。これを理解するには現在の価値観を一掃してものを考え直す必要がある。というのも，昭和33年といえば終戦から13年しか経っておらず，しかも高度経済成長が始まる直前にあたる。日本人が戦争の打撃から立ち直り，欧米に追いつこう，そして豊かな日本を築き上げようと意気込んでいた頃である。
　そのような時代に東京のど真中に忽然と姿を現した，高さ333mの東京タワーに対し，人々はどのような思いを抱いたであろうか。「高さ」が人々に与えた心理とは一体どのようなものであっただろうか。なぜ当時の関係者たちは，東京タワーの高さが当時世界一だったエッフェル塔の高さを「追い抜く」ことにあれほど執着したのであろうか。
　実は本書のこの部分を執筆している日の前日，2008年度のオリンピック開催地が中国の北京に決定した。沸き起こる歓声と，異常なまでの歓喜の姿に，世界は少々驚きのまなざしを向けていたかもしれない。しかし，これはまさしく1960年代の日本の姿そのものだったのではないだろうか。これから高度経済成長に入ろうという時代，まさしく「欧米諸国に追いつけ追い越せ」をスローガンとして掲げ，そして異様なほどに国民が一体となってこの目標に立ち向かっている。これ

は何も社会主義だけがそうさせているわけではない。皆が共通して豊かさに向かって邁進している健気な姿なのである。

　筆者はまだ生まれていなかったが，昭和33年の日本にもきっと，このような姿があったに違いない。現在にあってもデザインや技術の上で欧米の模倣・凌駕を唱えるわが国の年配の方々の姿を見て，時折筆者自身が感じるのと同様の感覚なのである。そしてその直向なるも陳套と化した彼らの哲学にめぐり合わせたときに感じるのと同じ，ある種の「哀愁」や「悲壮感」のようなものを，陽炎のように佇む東京タワーの姿に，ときおり痛切に感じることがあるのだ。

　もちろん筆者は，現在の中国における成長崇拝も，わが国の年配の方々の考え方も，そして現在の東京タワーの存在も否定するつもりは毛頭ない。ただ，未来においてこれらの遺産をいかにうまく活用していくか，それを真剣に考えたい。古臭いものはよくない，という考えばかりが蔓延しては，これらは全て否定ないし破壊の対象としてしか存在し得なくなってしまう。このような無益な価値破壊は何とか回避したい。

　いずれにせよ，それぞれの社会背景を考えながら景観イメージの変遷を見てみるのはなかなか面白い。東京タワーの場合は，さらに首都・東京という立地がこの物語を何倍も面白いものにしてくれているのだ。

2.3.1　東京タワーの経緯

　前述のように東京タワーが竣工したのは1958年。意外と古い。その建設を最も促したのは，当時急激に日本に普及し始めていた「テレビ」であった。

　東京タワーは，東京地区の電波塔の乱立を防ぐための総合電波塔として，1957年6月29日に着工，翌年12月23日に竣工した。東京タワーにはテレビ塔としての役割のほかに，警視庁交通情報用監視カメラ，大気状態調査など様々な近代的機能も取り付けられている。1950年代といえば，敗戦とその後のインフレによる景気低迷の時期でもあったが，同時に日本経済は朝鮮戦争特需による好景気に浴していた。NHKテレビの実験局が1953年2月に日本で初めて電波を発信してからもまだわずか5年しか経っていない。この時期にはテレビ視聴者数も3万人弱から200万人へというとんでもない規模で増加している。そして何を隠そう，東京タワーの竣工した1958年は，テレビ局の数が急増し「テレビブーム」とまでいわれた年でもあったのだ。

　このような多機能をもった東京タワーであるが，その設計時点でパリのエッフェル塔が強く意識されていた話は有名である。東京タワーを経営する「日本電波

塔株式会社」初代社長の前田久吉（1893～1986）は，この電波塔を「エッフェル塔をしのぐ世界一の高さに設計すること」を強く提唱している。敷地確保や航空障害，風力と地震対策などの問題も浮上したが，最終的には当時「塔博士」の異名をとった早稲田大学名誉教授の内藤多仲（1886～1970）により設計は行われる。その後同社は，観光バス，ボーリング場，駐車場などの運営も行っているほか，開業時に設置した展望台に加え，1967年には高さ250mの作業用プラットフォームを改造した特別展望台が設置されている。

　開業日から20日間は，28台の大投光器と60ワット電球250個によるイルミネーションが実施された。それ以降，日祝祭日の前夜に同様のイルミネーションが定期的に行われるようになり，1964年の東京オリンピック期間中は連夜点灯した。また近年では，東京タワー開業30周年を記念して，1989年1月より石井幹子氏のプロデュースによるライトアップが行われている。

　東京タワーへの来塔者数の変遷を見てみよう。図2-34に示したとおり，竣工年の翌年（1959年）の来塔者数は年間513万人（当時日本全国の観光施設における年間集客数の新記録）であったが，翌年からは徐々に減少し始め，1988年には年間297万人にまで落ち込んでいる。1989年のライトアップ開始後やや増加するが，近年はまた減少傾向にある。加えて，初期においては各国首脳級来賓の訪問までみられたが，1978年以降は皆無となっている。

2.3.2　東京タワーのイメージ変遷

　「世界一の高さを！」をスローガンとして建設された東京タワーは，当時から

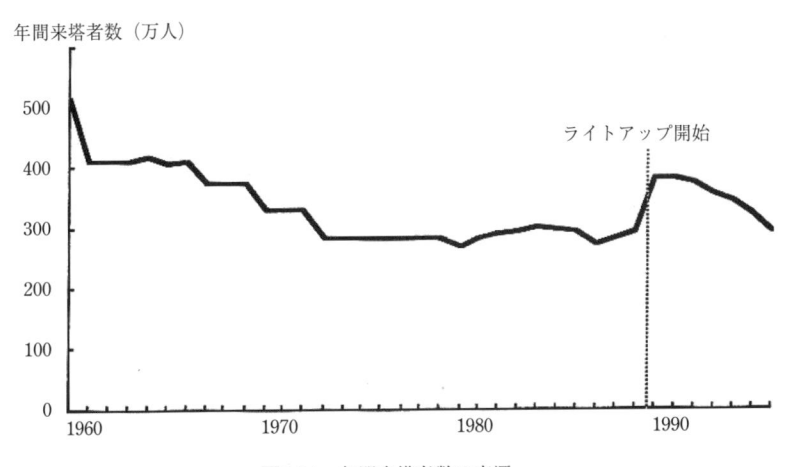

図2-34　年間来塔者数の変遷

現在にいたるまで人々にどのように捉えられてきたのであろうか。読者の方々はおよそ察しがつくと思うが，竣工当時のような意識は石油ショックや環境問題の発生，そして高度成長時代の終焉とともに消滅してしまう。しかし一方で，東京タワーというハードはそのままそこに残りつづけるのであり，このことが人々に様々な思いを抱かせるのである。時代背景が変化しようとも"元のモノがずっと残りつづけてしまう"ことは，土木構造物や工業施設の宿命とでもいうべき性質なのかも知れない。時代は流れ，社会はどんどん変化していく。それに常に置いてきぼりを食らう運命にあるのが，大規模構造物なのである。ことに東京タワーにはそれが非常に顕著に見られる。

(1) 新聞記事にみるイメージ

ここではまず，朝日新聞の1958年から1992年までの全記事における「東京タワー」に関する記述内容を徹底的に見てみよう。この34年の間に，東京タワーに言及した記事は全部で144あった。その推移を示すと図2-35のようになる。

記事数は竣工直後から徐々に減少し続けるが，1980年代後半から急激に増加しているのがわかる。近年の記事は大部分が1989年にはじまったライトアップに関するものであった。

では次に，いくつかの点に特別に着目して記事数をカウントし直してみたい。

まず，東京タワーの「新しさ」そして「高さ」を礼賛したものの推移を見てみよう（図2-36）。竣工当時においては，333メートルという"高さ"を「世界一」として礼賛する記事が多くみられる。また「東京のニューフェース」としてその"新しさ"に言及した記事も存在する。高度経済成長と戦後日本の世界経済における躍進が，東京タワーの「世界一の高さ」に投影されていたのかも知れない。その後公害問題の顕在化などによって成長主義自体が崩壊し，さらに低成長時代へと移行するに従ってこのような記事数も減少していくが，1980年代後半以降，特に高さを礼賛する記事がふたたび増加している点に注目しておきたい。このことについては，後の「雑誌にみるイメージ」のところで詳しく見てみることにしよう。

さらにこの「高さ」について，全く逆の表現も見られる。つまり，周辺地域の高層ビル化によって「高さが相対的に低下している」といったものである。「高い」ことが「カッコイイ」ことではなくなっただけではなく，高さそのものまでが相対的に低下してしまっているのである（図2-37）。

図2-38は㈳東京都観光協会が1959年に発行した『首都東京大観』という写真集

第2章　テクノスケープの諸相

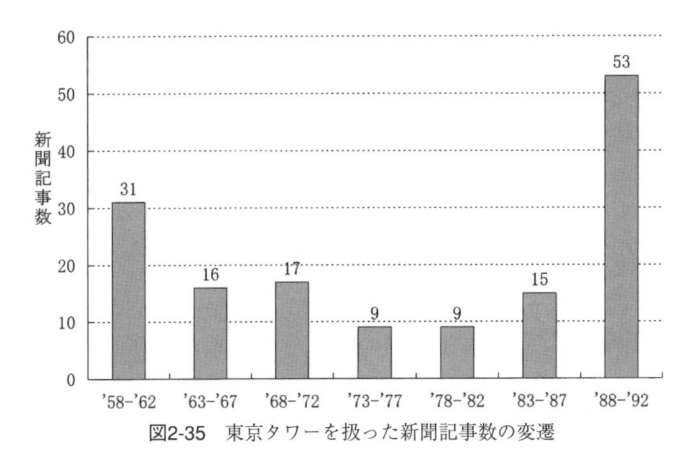

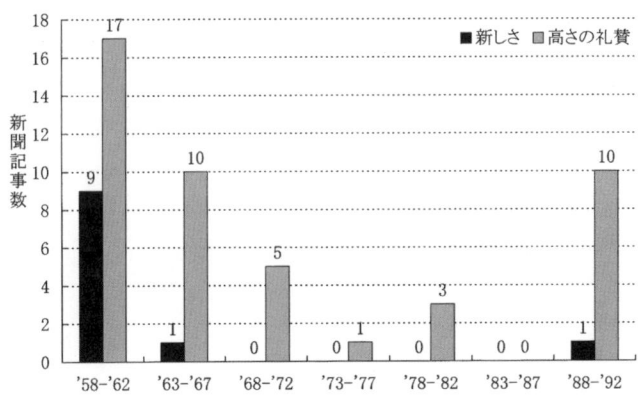

図2-35　東京タワーを扱った新聞記事数の変遷

図2-36　「新しさ」および「高さの礼賛」に関する記事の変遷

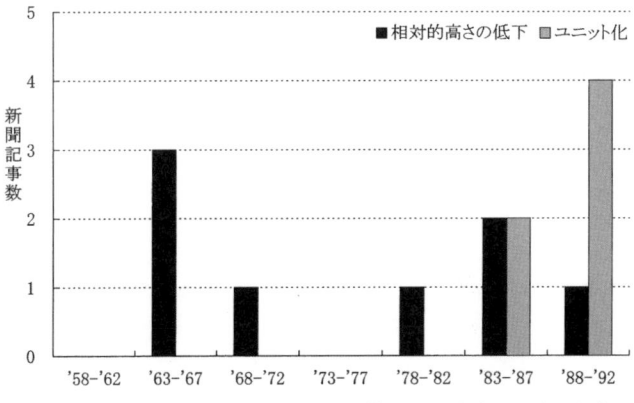

図2-37　「相対的高さの低下」および「ユニット化」に関する記事

図2-38　1959年頃の東京タワー

図2-39　現在の東京タワーと周辺地区

に登場する東京タワー竣工当時の写真である。視点位置が異なっているが，これと現在の写真（図2-39）を比べれば，その高さが竣工当時いかにずば抜けていたかが窺えよう。逆に，この高さの地位が現在失墜しているのもわかる。データ数が少ないため全体的傾向は語りにくいのだが，このような新聞記事は1960年代前半から既に現れはじめ，現在までほぼコンスタントに存在している。

さらにこれに関連して，東京タワーの「333m」という高さの捉え方も変化している。以前は"とても高く感じられる"333mであったが，1980年代半ばから"東京タワー〇本分"などというように単にものの高さをイメージするための「ユニット」として扱うものが現れるのである。今でいう「東京ドーム何杯分」とか，「山手線の面積が何個入るだけの広さ」などという類いの扱われ方である。

もちろん，東京ドームにしても東京タワーにしても，このような扱われ方をされるには，ある程度それが広く，大きいことが前提にあるだろう。しかし，これは同時に「単なる物差し」として扱われることになったということも意味する。「礼賛」された高さをもっていたものが，悲しいかな「物差し」にされてしまうのである。これもまたある種，高さ自体の失墜を意味するものではないだろうか。

 東京タワーの地位低下のみがクローズアップされ，つくづくやるせない気分になってくるのだが……しかし，必ずしもそのような残念なことばかりではない。確かに東京タワーは旧来の価値は失ったかも知れないが，それで全ての価値を失ったわけでは決してない。だから本書は，「忌まわしき高度経済成長時代の名残」とか，「エッフェル塔の出来損ないのコピー」などといった巷に多い珍奇な「東京タワー塵芥論」を展開することなどしない。むしろ，本書の基本姿勢は「東京タワー擁護論」である。

 では次に，歌謡曲の歌詞にみる東京タワーの捉えられ方の変化を見てみよう。東京タワーが決して無価値な唐変木などではないことがわかるはずだ。

(2) 歌謡曲の歌詞にみるイメージ

 歌謡曲では意外にも東京タワーはよく歌われている。筆者の大好きなシンガーソングライター，池田聡による1980年代後半リリースのナンバーに"東京タワーを消せるなら"というのがある。恋人と別れ，思い出の東京タワーもみぞれに霞んで見えなくなった，というなかなかのものだ。ただしこの曲は何故かさっぱりヒットしなかったため，残念ながら今回分析したデータソースには入ってこない。ちなみに池田聡もまた，栃木県の地方都市出身である。

 ここでは，あくまでヒットした曲の中にみられる東京タワーの描写内容の変遷を見てみたいと思う。データソースとして，『全音歌謡曲全集』（第7集，1958年～第43集，1994年）を用いた。この本はジャンル別に各年のヒット曲とその歌詞を紹介したものである。この期間中に掲載された歌謡曲の数は全部で6,574もあったが，そのうち東京タワーに関する歌詞を含むものは16サンプルであった。少なくともこれらの曲はマーケットに乗り，そしてそれぞれの時代の人々の心をつかんだものである。もちろんそこには作詞家の感性が大いに影響しているが，少なからず各時代の人々のものの捉え方が反映されているデータであると考えることができる。実際，こうした歌詞は学会論文などでもイメージ分析データとして用いられることが多い。

それではまず，東京タワーが歌われた頻度の分布を，各年ごとにグラフ化してみよう（図2-40）。東京タワー竣工直後の3年間（1959〜1961年）は，東京タワーに関する歌詞を含む歌謡曲が数多く発表されている。その後も5年ほどコンスタントに発表され続けるが，1967年前後を境としてその頻度は急激に減少している。その後，1970年代末，およびライトアップの開始された1989年前後にふたたび登場している。年代的にはかなり偏った分布をしているのがわかる。

次に，これら歌詞の内容の変遷を見るために，各データを分類してみた。まず東京タワーを修飾する語句をピックアップし，年代を無視してバラバラに羅列し，KJ法と呼ばれる方法によって分類した。その結果，図2-41のような4つのグループにまとめることができた（KJ法については，川喜田二郎著『発想法・KJ法の展開と応用』（中央公論新社，1967）を参照されたい）。

この4つの大きなグループとは，「礼賛」「高さ」「舞台」「背景」である。1番目の「礼賛」は，例えば「憧れの東京タワー」（"太陽は今日も輝く"：1959年）というように東京タワーを賛美する歌詞である。次の「高さ」は文字通り高さを愛でているような歌詞だ。例えば，「月がキスしている東京タワー」（"東京かっぽれ"：1961年）などである。3番目の「舞台」というのは，東京タワーが主人公というよりもむしろ，恋愛や月見（このギャップが面白いが……），望郷などのように，東京タワーを舞台として人間模様が展開するようなものである。例えば，「ふたりが出会った場所」（"たそがれのテレビ塔"：1959年）などがある。4番目の「背景」は「舞台」に少し似ているが，「舞台」が東京タワーで起こった出来事を描写しているのに対し，「背景」は別の場所にいて遠くに見える東京タワーを文字通り「背景」として描写しているものである。例えば「部屋から見えるタ

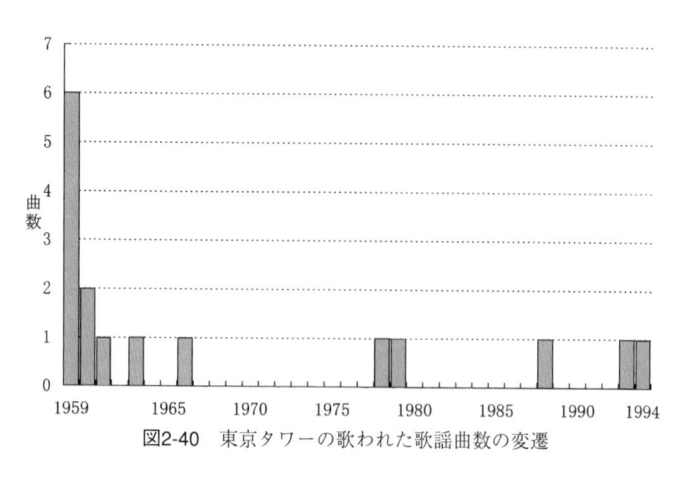

図2-40　東京タワーの歌われた歌謡曲数の変遷

ワー」("東京ららばい":1978年)などである。

 この4グループについて,その全体的な傾向を表す「軸」が1つ見受けられる。この「礼賛」「高さ」「舞台」「背景」という言葉の並び方を見ていけば,それに気がついていただけるかも知れない。正に「図と地」の関係で言うならば,東京タワーを関心の中心(主人公,図)と見ているか,あるいはそれを背景(脇役,地)として見ているか,ということである。そう考えると,「礼賛」は明らかに東京タワーというモノ自体が賛美,礼賛の対象になっている。次の「高さ」はタワー自体というよりはむしろタワーのもつ属性(特徴,と置き換えてもいい)を対象としている。次の「舞台」になると途端に性格が変わる。東京タワー自体というよりもむしろ,それが引き立て役となり,人間活動のようなものが前に出てくる。「背景」になると「舞台」よりも存在が希薄だ。この流れで言えば,東京タワーは主人公から脇役となり,人間活動とともに「風景」を形成することになる。ちょっと議論が複雑になるが,逆に考えれば「礼賛」「高さ」には「風景」という性格は薄い。同時に「舞台」「背景」には「モノ自体」という性格も弱いものとなっていることがわかるであろう。つまり「礼賛」「高さ」「舞台」「背景」

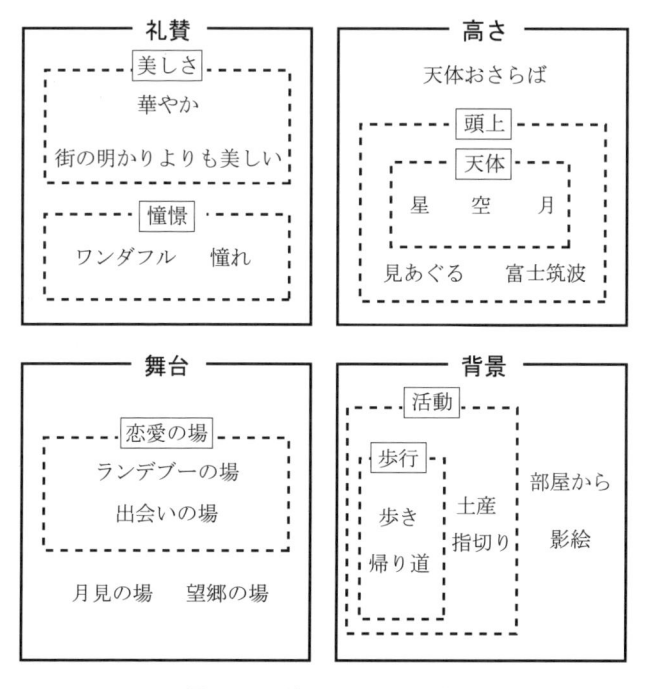

図2-41　KJ法による歌詞の分類

表2-4 東京タワーに関する歌詞内容の変遷

発表年	曲 名	モノ自体 ←――――――――――――――――→ 風景			
		礼 賛	高 さ	舞 台	背 景
1959	東京タワー	ワンダフル東京タワー	富士山筑波東京タワー		
	東京333米		下界の涙はおさらば	東京タワーへランデブー	
	太陽は今日も輝く	憧れの東京タワー夢に呼ぶ東京タワー	見あぐれば東京タワー		
	たそがれのテレビ塔		街の明かりよりも美しいテレビ塔	二人が出会った場所	
	東京サイサイ踊り			月を塔で見る	
	僕の東京地図	華やかな東京タワー			
1960	東京の空はなぜ青い		空がなぜ青いか東京タワーも知らない		
	ブルーナイト東京		星がささやきかける東京タワー		
1961	東京かっぽれ		月がキスしている東京タワー		
1963	東京小唄				帰り道の東京タワー
1966	東京だより			故郷が恋しくタワーにのぼる	
1978	東京ららばい				部屋から見えるタワー
1979	別れても好きな人				歩きたいのよ高輪灯りがゆれてるタワー
1988	Downtown Mistery				タワーの影絵
1993	Big Waveがやってきた				東京タワーの明かりで指よ
1994	がんばりましょう				東京タワーで昔見かけた土産物

の順の中に,「モノ自体→風景」という軸が見て取れるのである。

　続いて,軸に対して,この上を一次元的に動くような概念があればなお面白い。その概念としてここでは「時間」を考えてみよう。各歌詞を年代別に並べて,それぞれの「軸」上における位置をプロットしてみる（**表2-4**）。すると全体的に左上から右下への対角線のラインが形成されるのがわかる。つまりこれが,時間軸と共に変化した歌謡曲の歌詞内容の「傾向」である。すなわち,東京タワーの捉えられ方が,「モノ自体→風景」というように時代とともに変化しているのである。

　このように,普段何気なく聞いている歌謡曲の歌詞であっても,その「構造」を見ると意外に面白い社会動向が引き出せることがある。しかし,この構造を単に引き出しただけでは今一つ面白みに欠ける。実際この「モノ自体→風景」とい

う変化はどのような意味をもつのであろうか。そもそも，何でこんなことが起きてしまったのであろうか。

　それを考える前に，もう一つ，別なデータを分析してみよう。

(3) 雑誌にみるイメージ

　東京の風物風俗などを詳細に紹介している雑誌「東京人」（都市出版社）には，実際かなりの頻度で東京タワーが取り上げられている。同誌の創刊は，東京タワー竣工後30年近くも経った1986年であるが，過去を懐古する記事が結構あるため，時代の流れとそれに並行したイメージの変化を捉えることができる。

　ここでは，1986年の創刊号から第99号（1995年12月号）までの記事を集め，その中で東京タワーを扱ったものを徹底的に抽出してみた。

　まず，東京タワーが竣工した昭和30年代〜40年代前半頃を"回想"するテキストがかなり見られる。例えば，同誌第83号の川本三郎・種村季弘両氏による「昭和30年代東京」という記事によれば，東京タワーが昭和30年代のいちばん輝かしい思い出であり，タワーを見て「日本もすごい国になったんだ」と感じていたという。同様に川本三郎氏（第22号）は「高度成長とテレビ時代の輝けるシンボルだった」と述べている。これは新聞記事で出てきた「高さ礼賛」「成長の象徴」としてのイメージにも一致している。このような人々の思いが東京タワーの外部景観に当時如実に反映されていたものと考えられよう。

　また，安田卓矢氏の回想録（第5号）では，東京タワーの出現によって東京の「平面的な感覚」に「立体的感覚」を伴った視覚的認識が可能になった，となかなか興味深い内容が語られている。東京タワーに展望台が取り付けられたことによって，人々は今までになかった全く新しい眺望点を獲得し，そこからのパノラマを新鮮な驚きをもって体験していたに違いない。

　しかし，このような華々しい創立期を過ぎると，少々状況が変わってくる。視覚的にも，そして精神的にも，東京人のランドマークであり続けた東京タワーであったが（枝川公一，岡村直樹：第56号），次第に展望台としての知名度の方が高くなっていった。「東京タワーを外から見たかっこうが好きなんじゃなくて，東京タワーの中身が大好き」などという子どもたちのエッセーも書かれている（宮内悠介：第77号）。やがてその姿は，「日の出桟橋からすらもうビルに埋もれて見えなくなって」しまい（太田和彦：第68号），「ふだん東京タワーのことは忘れていることが多く，東京タワーはもう東京のランドマークではなくなって」いった（川本三郎：第22号）。つまり，展望台としての地位だけは確保しつつも，

図2-42 ライトアップされた東京タワー

周辺ビルの高層化によって「高さ」の地位を相対的に弱め，先のような成長の象徴としてのイメージも低下していったものと考えられる。時を同じくして，成長主義そのものを反省する世相がこの傾向に拍車をかけていたのかも知れない。

しかし，1990年代を過ぎるあたりから，ふたたび東京タワーのイメージが復活する傾向が見られる。これを実現させた最大の要因は，やはり1989年以降のライトアップ事業（図2-42）であったようだ。これによる幻想的・詩的な雰囲気を称える記述は数多く見られる（例えば，中野翠：第16号，面出薫・岡村直樹：第41号，山口廣・如月小春：第77号）。

(4) 観光ガイドブックにみるイメージ

ここまで見た3つのイメージ変遷の傾向にはおおよそ共通する流れが読み取れたが，今度は観光ガイドブックを徹底的に洗ってみた。しかし，幸か不幸か予想に反してここからは全く異なった傾向が見られた。観光ガイドブックに見られる東京タワーの記述内容には，昔から現在までほとんど変化が見られないのである。

表2-5は日本交通公社，および実業之日本社の発行する観光ガイドブックの中で，東京タワーを扱った部分の記述内容を並べてみたものである。

1～10の高さ，展望台，水族館などの付属遊戯施設，エッフェル塔の記述などは，ほぼ一貫して登場している。特に1～5の一貫性は顕著である。また1989年のライトアップ開始以降それに関する記述が登場し，テレビ施設の記述は1992年以降消えている。眺望に関する内容もほぼ一貫して記述され続けている。眺望範

第2章　テクノスケープの諸相　　77

囲は，「皇居」「新宿」「東京湾」などの都内近郊から，「房総半島」「富士山」「筑波山」までの広い範囲にわたっているが，これらにも顕著な時代的変化は見られない。

　つまり，全体的にその内容や描写に目立った変化が見られず，むしろ記述内容はほぼ一貫しており，新聞・雑誌・歌謡曲とまるっきり傾向が異なっているのだ。一見期待はずれだったが，よく考えるとこれはこれでなかなか示唆的である。

　そもそも観光ガイドブックというのは，主に東京圏外の非日常的訪問者を対象として書かれているものと言える。日常的に東京タワーを眺めている"東京人"や，そこに身を置いている業界の作詞家・新聞記者などの視点とは明らかに一線を画す，田舎モノを対象とした視点である。田舎モノにとって東京タワーは，「高さ」「展望機能」「電波塔機能」「水族館・蝋人形館などの遊戯施設」という非日常的でものめずらしい存在である。それは，「東京」という場所自体が非日常的に訪れることのできる（＝日常的には訪れることのできない）いわば「憧れの地」として存在しているからであり，東京タワーは正に憧れの都会・東京のシンボルなのである。事実，テレビのニュース番組などでは，ニュースの合間に未だに東京タワーの夜景が美しく映し出されている。東京を遠くに思う私たち田舎モノにとっては，テレビ・雑誌という媒体のみが東京に気軽に触れることのできる唯一のメディアであるが，そこに何故か東京タワーが登場している。このことが田舎モノに対し「東京＝東京タワー」というイメージをより強く意識させているのかもしれない。

　観光ガイドブックにみられる普遍的イメージは，このような部外者にとっての東京タワー，しいては東京自体に対する普遍的憧れのイメージを反映していると言えないであろうか。田舎モノの筆者には，この感覚がとてもリアルに理解できるのだが。

　これより，東京タワーのイメージの移り変わりをまとめると，図2-43のようになる。全体的に，東京タワーはモノ自体から風景の一部を形成する要素としてイメージが変化している。

　高度経済成長の幕開け期に，世界一高い電波塔として先進国フランスのエッフェル塔を模して建設された東京タワーは，東京の新名所として歓迎される一方で，竣工直後より成長の象徴としてイメージされ続けた。世界経済界への躍進と欧米諸国への急追の賛歌とでもいうべき内容を，当時の新聞記事や歌謡曲の歌詞にもみることができる。また，"テレビ塔"という機能は，テレビ新時代の到来とい

表2-5　観光ガイドブックにみる東京タワーの記述内容

1：高さ　2：大展望台　3：特別展望台　4：電波塔機能　5：蝋人形館　6：近代科学館　7：水族館　8：エッフェル塔　9：名店街　10：芝公園　11：ライトアップ　12：テレビスタジオ　13：テレビ放送所　14：樺太犬群像

年	1	2	3	4	5	6	7	8	9	10	11	12	13	14
'69	●	●	●			●							●	
	●	●	●	●	●	●		●	●			●	●	●
'70	●	●	●		●	●						●		
'76	●	●	●	●	●	●			●	●		●	●	●
'77	●	●	●	●	●	●			●	●		●	●	●
'82	●	●	●	●	●	●	●					●	●	●
'83	●	●	●	●	●	●						●	●	●
'87	●	●	●	●	●	●								
	●	●	●	●	●	●			●					
'88	●	●	●	●	●	●	●					●		●
'89	●	●	●	●	●	●				●	●	●		●
'90	●	●	●	●	●		●							
	●	●	●	●	●		●	●						
'91	●	●	●	●	●	●				●	●			
	●	●	●	●	●	●	●			●	●	●		●
	●	●	●	●	●		●	●			●			
	●	●	●	●	●		●							
'92	●	●	●			●				●	●	●		●
	●	●	●		●									
	●	●	●	●	●		●	●			●			
	●	●	●	●	●		●		●					
'93	●	●	●				●				●			
	●	●	●	●	●		●	●			●			
	●	●	●	●	●	●								
	●	●	●	●	●		●		●					
'94	●	●	●								●			
	●	●	●		●						●			
	●	●	●	●			●	●			●			
	●	●	●				●		●					
'95	●	●	●	●	●									
	●	●	●				●			●	●			
	●	●	●		●		●				●			
	●	●	●		●		●	●			●			
	●	●	●	●	●		●		●					

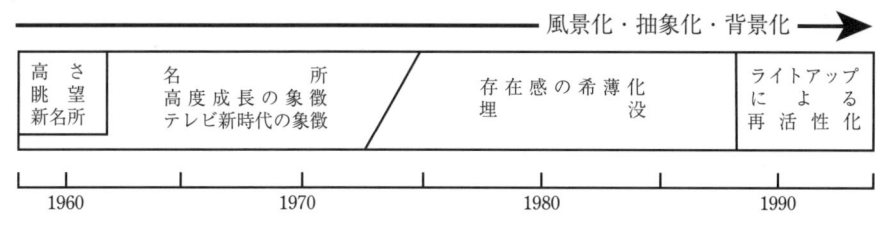

第2章 テクノスケープの諸相　79

```
           ────────────────── 風景化・抽象化・背景化 ──────▶
┌─────┬─────────────┬──────────────────┬─────────┐
│高さ  │名  所       │                  │ライトアップ│
│眺望  │高度成長の象徴│ 存在感の希薄化   │による   │
│新名所│テレビ新時代 │   埋   没        │再活性化 │
│      │の象徴       │                  │         │
└─────┴─────────────┴──────────────────┴─────────┘
   1960       1970         1980           1990
```

図2-43　東京タワーのイメージ変遷のまとめ

う高度経済成長時代の最も代表的な社会変化を意味するものであったことも注目に値する。

その後，1970年代の公害問題の顕在化やオイルショックにより，高度経済成長にも翳りが見えはじめ，成長主義自体が次第に衰微するに伴い，高さのもつ躍進的イメージも次第に希薄化する。周辺域の建築も次々と高層化され，高さの地位そのものも相対的に低下したため，東京タワーは存在感を弱めながら，街に埋没していく。

このような寂しいイメージは暫く続くが，ライトアップが施された1989年前後よりふたたび高さのイメージが復活する。これは同時に「ウォーターフロント・ブーム」の時代でもあり，東京湾岸の埋立地の活性化や海上交通の整備が盛んに行われた時期でもあったが，「ひき」を確保した視覚体験が，東京タワーの高さの知覚を容易にした要因の１つであったのかも知れない。さらに，ライトアップされた東京タワーは，幻想的な夜の風景としてふたたび強くイメージされ始めているのである。

一方，東京圏外においては，高さ，展望機能などが創立期以来ほぼ普遍的にイメージされ続けている。

2.3.3　エッフェル塔との比較考察

少し大げさな表現かも知れないが，このような「電波塔の社会学」を考える上でやはり気になる構造物がある。東京タワーのモデルとなったパリのエッフェル塔（図2-44）である。エッフェル塔に関して同様の調査なり研究を行ったわけではないが，エッフェル塔と東京タワーの社会的な捉えられ方にはずいぶん違いがあるように思えてならない。エッフェル塔は東京タワーよりも60年近くも早く竣工しているが，必ずしもその古さだけがこの相違を生じさせた原因ではなさそうである。

建築家・芦原義信（1918～）がこれら2つの塔状構造物の社会的位置づけの相違について言及している。氏によれば、「技術」の成果としての東京タワーに対し、「技術」に対する「文化」の優位性の象徴としてのエッフェル塔、という相違があるというのだ。さらにそのロケーション、脚部の構造的アピール、色彩計画などの点で、都市景観要素としてエッフェル塔に軍配が上がる、と言っているのである。

この手の「東京タワー劣等論」にはかなり納得できる部分もあるが、何だかたまに、「結局は西洋崇拝、それに対する自国文化の劣勢の指摘・批判」という戦後お馴染みのパターン、という感覚を覚えることがある。天邪鬼に徹しているわけではないが、このような一方的な批判に対してはついつい懐疑的になる。批判されている対象には何かしら取り柄がないものか。盲点ともいえるような「面白

図2-44　エッフェル塔

さ」を，先人は見落としてはいないか。

(1) 同化に寄与する特徴の比較

これに対して，もう1つ，たいへん参考になる著作にめぐり合うことができた。フランスの記号学者，ロラン・バルト（1915～1980）による『エッフェル塔』[12]である。彼は景観研究の世界ではあまりにも有名な人物であるが，その著作は難解極まりないものも少なくなく，とかく敬遠する人が多いことも事実である。しかしこの『エッフェル塔』だけはバルトらしくなく，とても明快でわかりやすい。

バルトは，エッフェル塔が市民や訪問者に受け入れられていく過程（ここではこれを「同化の過程」と呼ぶことにする）を記号学的に推察している。「記号学的」などというとやや難しいかも知れないが，要するに「人々がモノを見てどう感じるか」について，それに影響を与えると思われる要素をいろいろと考察しているのである。つまりこれは彼の洞察力をもとに構成されている論述である（つまり，彼の主観に過ぎない）が，それが非常に明快で深い洞察に富む考察であるだけに，説得力がある。

彼が指摘するエッフェル塔の各々の属性と，東京タワーにおける現況とを比較してみよう（表2-6）。

バルトはまず，「形態的特長」として，エッフェル塔がスレンダーな形を伴い，また鉄の棒材によって透過性のある構造物となっている点を指摘している。東京タワーにおいても部材の透過性はあるが，「スレンダー」という点では一般にエッフェル塔には著しく劣ると言われている（この賛否については別の機会に論じることとしたい）。

次の「素材的特長」としてバルトは，エッフェル塔で初めて本格的に採用されたメタル構造（鉄製）という点に触れ，その斬新さが人々のイメージ形成に寄与したとしている。エッフェル塔の竣工後60年を経て建設された東京タワーも鉄製だが，竣工時は既に構造材としての鉄の斬新さは希薄なものとなっていた。

その次の「位置的特長」としては，エッフェル塔が「都市構成における重要な脊髄」に位置している点が指摘されている。実際エッフェル塔はシャイヨ宮や士官学校，シャンドマルス公園などの形成する重要な都市軸上に立地しており，この軸線上からはエッフェル塔を直接眺められる。このロケーションが人々の景観体験に与える影響は大きいと言えよう。一方東京タワーの立地場所にはこのような特性はほとんど見出せない。

表2-6 エッフェル塔と東京タワーの特長比較

バルトの指摘項目	エッフェル塔	東京タワー
形態的特長	スレンダー・高さ 部材の透過性	一般に「スレンダー」という点で劣ると言われている
素材的特長	(当時は) 斬新な鉄製	素材に斬新さはなし
位置的特長	都市構成における重要な脊髄	都市構成軸線の外（そもそも東京タワー周辺域には明確な軸線がない）
機能的特長	本来, 無機能（後に電波塔）	電波塔なる内在的機能が先行
付加的機能	展望機能, 商業施設の付設, 電波塔機能	

　次の「機能的特長」については面白い事実がある。エッフェル塔，東京タワーともに「電波塔」という機能が与えられているが，エッフェル塔はそもそもオブジェとして建設され，電波塔という機能が後付けで与えられたのに対し，東京タワーは最初から「電波塔・東京タワー」として建設されている。つまり，電波塔という機能のつき方が竣工前か，竣工後か，という点で両者は大きく異なっているのである。現代的な観点からいえば，そもそも「機能後付け」などということがありうるのかと疑ってしまうが，何とエッフェル塔はその典型例なのである。結果としては同じ「電波塔」であっても，この違いは塔に対する人々の感じ方に大きな影響を与えうる一大事である。これについては後で詳述する。

　唯一一致しているのが次の「付加的機能」の内容である。エッフェル塔，東京タワーともに展望機能，商業施設の付設が行われている。

　さらにバルトは，エッフェル塔の存在により実現している景観・空間体験の特徴として，次の(2)〜(6)の5項目を挙げている。それぞれについて東京タワーの場合とも比べてみよう。

(2) パリの象徴，日常風物としての認識（特異性，畏敬の喪失）

　エッフェル塔は建設当時としてはとてつもない高さをもち，さらにパリの都市構成における重要な脊髄に位置していたことから，パリのあらゆる場所から見える構造物となっていた。また，商業施設の付加によって人々はそこを頻繁に訪れるようになり，さらにはエッフェル塔のミニチュア販売やメディアに取り上げられることで，人々に対する「親密化」が進行した。バルトはこのようないわば

「馴染み」の進行は同時に，特異性・畏敬性を喪失させるものでもあったとしている。

東京タワーの場合はどうであっただろうか。都市の"脊髄"に位置することはなくとも，建設当時は周辺環境に対する相対的高さも極めて高く，様々な場所からの認識が可能であったと予想はできる。しかも東京の新風景として歓迎され，そこに神格的，あるいは現実的な「上昇」のイメージが投影されていたことは確認できた。一方で展望台の整備によって人々がアクセスする機会も確保され，その畏敬性や特異性は次第に低下していく。さらに，都市の軸線上にない東京タワーは周辺の高層化の影響をまともに受け，視覚体験，および存在感が著しく希薄化していったものと考えられる。

(3) パリ自体の確認・発見装置

高さをもつエッフェル塔は格好の展望台となった。バルトによれば，それはパリ人，あるいは地方からの訪問者にとって，絶好の「パリを知る（確認する）装置」として機能しているとされている。

東京タワーの場合もこれが見事にあてはまる。観光ガイドブックの分析からも明らかになったように，地方人にとって東京タワーはまさに今も「東京を知る」ための装置であり続けている。エッフェル塔から見下ろすことをバルトは「パリの征服行為」と呼んでいるが，われわれ地方人も東京タワーに上ることによって何かしら東京を征服した（少なくとも，憧れの東京にある程度触れることができた）かのような感覚を覚えることはないだろうか。

(4) 多様な意味の引き寄せ

エッフェル塔はこのように，「眺められる対象（受動的に視線を浴びる対象）」であると同時に，「パリを眺める視点（能動的に視線を送る起点）」という両方の性格をもっていた。このような「視線における2つの性」をもつことにより，神話的な力と同時に固定されない無限の意味の引き寄せが可能であったとバルトは述べている。これはバルトの表現らしく少し難しいが，簡単に言えばこういうことであろう。まず1点目は，「高さ」をもち方々から眺められることで，一種の英雄的な地位をエッフェル塔は獲得している，ということであろう。このように圧倒的な高さ（この属性はしばしばモノの「神性」に通ずる。富士山や秩父武甲山，教会の尖塔などが典型例）と，それがまちの随所から眺められることによって，超越的なイメージが付与されるのである。そしてもう1点はこれと全く逆の

現象である。そこにわれわれが「到達」することによって、「下界」のパリ市街を眺めいわばパリを征服するための場所にもなりうるわけである。このように塔がさまざまな思いの舞台となることによって、塔に対するイメージは途端に多様性を増すのである。

　そしてその「付与されるイメージの多様性」をさらに促進した属性こそが「無機能」という性格である。バルトはこの特性が「理性からの解放」を可能とするとしている。バルトはエッフェル塔から連想されるいろいろな意味の例として、科学、19世紀、ロケット、木の幹、昆虫などを列挙しているが、これも「エッフェル塔は電波塔である！」という固定的な定義（＝意味解釈の規制）がないからこそ可能となる連想行為にほかならない。

　一方、東京タワーの場合、投影される意味の多様性は本書では明確には検証されていないが、バルトのいう「能動／受動の両義的な視線システム」はある程度確認できた。問題は所与の機能である。東京タワーはエッフェル塔とは逆で、「電波塔」という内在的機能が先行して建設されているのである。これによってバルトの言う「理性からの解放」が達成されにくくなり、投影される意味のバラエティはエッフェル塔に比べ制限されてしまうのかも知れない。この仮説を実証するには、東京タワー以外の電波塔、ないし同様の形をもつ「芸術作品としてのタワー」（そのようなものがエッフェル塔以外にあるかどうかわからないが）の事例を見つけ、それを比較分析してみるしかない。非常に興味深い研究課題と言えるであろう。

(5) 進歩主義と上昇の象徴

　エッフェル塔は、高さ、形のスマートさ、当時斬新な構造材料であった「鉄」製、という3つの特性によって、重力に対する反発、自然秩序からの解放とその克服・超越、そして空との一体化による神話的イメージを獲得し、過去への断絶と進歩主義の象徴となった、とされている。創立期の東京タワーにおいても、「材料」という観点では斬新性はなかったものの、高度経済成長という背景のもと同様のイメージが生起していたことが確認された。

(6) 構造内部の探検

　バルトは、エレベーターによってエッフェル塔の内部に入り、階段をよじ登り、崩し字のような鉄骨の周囲を走り回ることによる「構造内部の探検」が可能であり、さらにこのことが、観光旅行を「視線と知性の冒険」に変える可能性がある

としている．また，エッフェル塔は全てが「外部部材」から構成され，透明感をもっていることから，内部に「閉じこもることが」できないために生じる「空中の滑走」という独特の体験が可能であるとしている．

これは東京タワーをはじめ，塔状構造物の共有する潜在的可能性として指摘できるであろう．加えて，このような内部（近接）景観体験の価値は，外部景観において「つくりを見せる」ことを主眼としてきた従来の構造デザインによる景観体験モデルとは一線を画すものとなるかも知れない．

以上，東京タワーの感じられ方をいろいろな観点から述べてみた．

これに加えて筆者が強く主張したいことがある．東京タワーはエッフェル塔に比べて「文化的に劣っている」などという論が多数派であるが，筆者は必ずしもそうとは思わない．筆者の中に埋め込まれた文化受信装置がイカれているからだ，と言われればそれまでだが，東京タワーが劣っているという観念は西洋的文化モデルの一元的・盲目的な崇拝に起因しているとも考えられないだろうか．それを否定する気は毛頭ない．ただ，東京タワーを独自の観点から真摯に見つめなおしてみると，必ずしも欠陥の塊などではなく，相当の取り柄が見出せるのである．

例えば，東京タワーの中にある蝋人形館はしばしば嘲りの対象にされる．"文化的に洗練された構造物を"という一般的な規範からは明らかに乖離する観念によって生まれてきた施設であると言える．そして，これは何やらキッチュである．しかし，突き詰めて考えるなら東京タワーのキッチュさは"いけないこと"だろうか．低俗な文化の象徴だろうか．

筆者は，このキッチュさがまた，伝統的な日本文化の流れを組む面白い発想であると考えたい．例えば，「見立て」の美学にみる聖と俗の大胆な並置など，日本の文化は西洋的な文化の観念から見ればやや前衛で，型破りで，時に不謹慎で大胆なものが多いと感じる．単に西洋的規範から逸脱していればいいのではなく，そこには"気品"が求められる，という意見もあるかも知れない．しかし，その"気品"なる概念すらも，もしかしたら固定観念に過ぎないのではないかと筆者はまず疑ってみたい．

東京タワーは日本人が愛すべき，そして世界に誇るべき構造物であると，筆者は現在も信じている．ともあれ，機会があったら是非一度じっくりと東京タワーを眺めてみていただきたい．読者の方個人個人ならではの新しい発見が，もしかしたらあるかも知れない．

2.4 荒川放水路沿いの構造物のテクノスケープ

あえて言うまでもないが、土木構造物の建設は本来機能的な役割を主な目的とする。特に治水構造物など、文字通り水を治めることを目的とした構造物についてはこの意味合いが非常に大きい。美しさや心地よさ以上に、災害から人々の財産や命を守る、というあまりにも大きな使命が治水構造物には課せられているのだ。「人々に開かれた河川空間、などという悠長なことを考えている暇があったら、われわれはさっさとカッパを着て河川の水位変動を調べに行かなければならないんだ！」。筆者が以前に仕事でご一緒した河川管理者の方はこう語られていた。新しい河川法が制定され、河川空間の開放が謳われた時期であっただけに若干違和感もあったが、ある意味非常に説得力のある発言でもあったと思う。

河川沿いに存在する構造物は治水構造物に限らない。浄水場の取水塔のように水を利用するためのものや、発電施設のように冷却水供給源を求めて河川沿いに立地しているものもある。自動車交通や鉄道交通が普及する前は水運が主な交通手段でもあったから、例えば佐原や川越のように伝統的な交通施設が河川沿いにある場合も少なくない。食糧生産の場を提供する場合もある。河川空間とは長く、さまざまな産業の集積する空間であったのだ。

これから見ていく「荒川放水路」もその例外ではない。そもそも治水施設として掘削されたのだが、周辺には農業や工業などが治水施設の副次的な恩恵を求めて立地していった。この人工施設はさらには生活空間や心象風景をも人々に提供し、後背地の人々と深く関わりあいをもちながら存在し続けてきたのである。

2.4.1 荒川放水路の経緯
(1) 建設の経緯

荒川放水路を現在私たちは単に「荒川」と呼んでいるが、これが人工的に掘削された川であることは意外と知られていない。もっとも、埼玉県内を通過する部分は自然河川を改修したものであるが、東京都北区にある岩淵水門から下流の「荒川」は人工の河川である。

現在はこの岩淵水門から分岐し浅草方面へ流れる川を「隅田川」と呼んでいるが、元々はこちらが「荒川」であった。この「荒川」は文字通り「荒い川」で、頻繁に洪水を引き起こし、当時の東京の中心地であった現在の隅田川流域の下町地区に大きな災害をもたらした。これを防ぐために、東京地区の上流から海の方にバイパス水路（放水路）を掘り、洪水時には水をそちらに逃がして東京を洪水

図2-45 荒川放水路を掘削するエキスカ（東京都足立区立郷土博物館蔵）

から守ったのである。この放水路が完成して以来，人工の放水路の方を「荒川」と呼び，元の荒川で洪水から守られた部分を「隅田川」と呼ぶようになったのである。

　荒川放水路の掘削は1911年から19年間もかけて行われ，1930年にようやく完成している。何しろ人工的に大規模な川を掘るというとんでもない大規模土木工事であり，同時に帝都東京を洪水から守るという非常に重要な使命をもつプロジェクトであった。掘削に際しても「エキスカ」という最新鋭の機器装置が使用されていた（図2-45）。また，放水路は既存の小・中規模河川を極めて人工的に容赦なく縦断・遮断して掘削されており，その結節点には水門，閘門，圦（いり）などの治水・利水施設も多く建設された。

(2) 地域分断

　このように既存の都市空間に新たに掘られた荒川放水路は，中小河川だけでなく道路まで分断してしまった。大きな道路には橋が架けられたが，中小規模の細かな道路にまではいちいち全部に橋をかけられるはずもない。当然橋の本数は限られてしまい，通勤や流通に大きな支障を来してしまった。つまり，今まで同質だった地域に放水路が引かれることで，都心からのアクセスの良い部分／悪い部分の境界線が引かれてしまったのである。

　これはアクセスの問題だけにとどまらない。放水路の都心側と対岸側における電灯普及などのインフラ整備の進度にまで差異が出てしまった。さらに放水路は既存の町村をも分断してしまい，町村の断片が近くの他の町村へと統合されたりした。当時は町村ごとに特有の風俗や習慣もあったようで，これらの異なる習慣

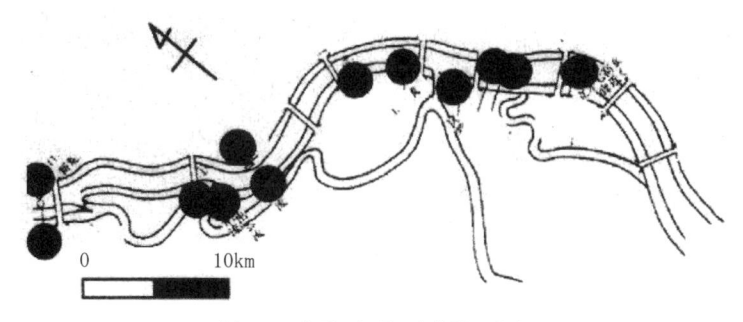

図2-46　大正15年頃の水泳場の分布[13]

をもつ他の町村に合併されることでいろいろなしがらみも生じ，水利問題なども新たに発生した。

このように，地域が分断されることによってさまざまな負の作用が生じてしまったが，それを少しでも克服しようと橋や渡しなどが次々と整備されていったのである。

(3) ウォーターレクリエーションの発生

一方で荒川放水路は，今まで水辺などなかった地域に「親水空間」という新たな魅力的空間を提供することとなった。特に人々に人気があったのは「水泳」である。今なら水泳などは学校や地域の経営するプールで手軽に楽しめるスポーツだが，昭和初期当時は非常にモダンでカッコいいスポーツだった。流域には次々と「水泳場」がつくられている（図2-46）。

水泳場は河川敷の土を採掘した後にできた池を利用したものと，河川水面を利用したものとがあったようである。絹田[13]によれば，大正15年頃には水泳場がかなりの数配置されており，夏期は子供らで大盛況であったとのことだ。

(4) 周辺工業地帯の整備

荒川下流とそれに連なる運河沿いの地域には，明治初期より舟運を生かした臨海工業地帯が発達していた。放水路が完成してからもその下流域には工業地帯が発達し，流域にはそこで働く労働者が多く住み始めた。

この時期荒川放水路に建設された主な工業施設として，東京電燈千住火力発電所が挙げられる（図2-47）。この工場は大正14年に竣工し，無効電力を調整する周期調相機として運転可能な特別装置をもった，当時でもかなり画期的なものであったらしい。

図2-47　東京電燈千住火力発電所

(5) 農用地

また，昭和20年代以前の日本の河川敷地は農用地としても利用されていたらしいが，荒川放水路河川敷も同様に花卉栽培などに利用されていた。現在でも荒川沿いには「鹿浜都市農業公園」（東京都足立区）のように，河川敷に農地を意図的に保存し農作業や自然を体験できる施設も立地している。

このように，洪水対策の放水路が1本掘られたことで，既存地域にさまざまな影響を与えたほか，新産業や新しい生活空間までもが生まれていったことが分かる。土木構造物とはこれほどまでに人間生活そのものに大きな影響を与えるのである。近年ではその負の影響がとかくクローズアップされる傾向さえあるが，実際荒川放水路を舞台にいかなる景観・空間体験が展開していったのであろうか。もう少し詳しく見てみたい。

なお，ここでは主に「パブリックアクセス」における3つの概念（物理的アクセス・視覚的アクセス（景観）・解釈的アクセス）それぞれに着目して現象を観察してみようと思う。この3つの概念の生成経緯や具体的な考え方について詳しく説明する余裕はないが，「親水性」ということを議論する際に参考となる指標として挙げておきたい。詳しくは拙書『親水工学試論』（信山社サイテック，2002）を参照していただきたい。

2.4.2　河川敷利用の変遷
(1) 放水路竣工当時

放水路竣工当時には，水練，魚介昆虫採集といった活動が河川で展開されてい

る。水練は河川という水辺を利用するものだし，魚介昆虫採集は河川で生息する動植物を楽しむ行為であるから，いずれも河川ならではの空間の使われ方といえるであろう。また，この頃は模型飛行機操縦や凧上げなどもよく行われたらしい。これらは川沿いに生成した広大なスペースを利用するもので，水練や魚取りに比べれば「河川ならでは」という度合いは少し弱まっている。

　こういう「河川ならでは」，もう少し意味を拡張するなら「水辺ならでは」，のような概念を「水辺依存度（Water Dependency）」と呼ぶ[14]。この概念はアメリカのウォーターフロントにおける立地業種をランク付けする際に用いられるものであるが，荒川放水路における現象を説明するのにも意外と役に立つ。つまり，この時期の物理的なアクセスとしては，水辺依存度の高いアクティビティと低いアクティビティの両方が共存していたものといえる。

(2) 戦時中

　昭和10年代に入り軍国主義が本格化してくると，この様子は少しずつ変化してくる。それまであった水泳場などのウォーターレクリエーション施設は次第に減少しはじめ，昭和19年頃にはそのほとんどが消滅してしまうのである。それに代わり河川敷空間は，グライダー練習場や軍馬食糧供給場などの軍事利用が目立ち始める。さらに東京市は昭和12年頃から，銃後農園芸者の生活安定と生産力拡充を目標に，荒川の河床地を花畑にするなどの開発を行ったほか，戦時の食糧不足時には沿岸のかなり広い地域で畑作が行われるようになった。また，国家総動員法の施行される昭和13年より19年まで，荒川沿いの河川敷で「全日本草刈り選手権」という不思議な"選手権"も開催された。現存する「草刈りの碑」（図2-48）には，このイベントが「草刈りによる日本農民魂の発露」を目的として実施されたとある。

(3) 戦後高度成長期以降

　戦後から高度成長期にかけて，河川敷はいわば民間に「開放」され，民間企業による営利目的の用途が広がっていった。河川敷占用の許可に当たっては，競願などの特別な事情がない限り，治水上の支障の有無のみが判断の根拠とされていたため，河川敷はきわめて無秩序に開発され，ゴルフ場，運動場，野球場など民営のレクリエーション施設や，自動車教習所などの商業施設に占有されていった。また，昭和34年9月の伊勢湾台風による高潮対策を契機として策定された「東京湾高潮対策計画」により，流域には高潮堤防が建設された。

図2-48　草刈りの碑

　昭和39年には，体力向上を目指し，スポーツおよびレクリエーション施設として公園や運動場を河川敷地に積極的に設ける旨の決議が，衆議院体育振興特別委員会でなされた。さらに公有地であるはずの河川敷地が営利企業に占有されていることが問題視されはじめ，新河川法の施行へと至っている。特に，当時改訂された河川法では，1965年に「河川敷地の占有許可についての通達」が出され，「公園，緑地，広場並びに一般公衆の利用に供する運動場のためにする占用」以外の利用は原則禁止となった。

　このように，荒川放水路への物理的アクセスは，「水辺の体験」から「単なるオープンスペースの利用」へと変化している。河川敷では野球大会や運動会などの陸上レクリエーションが展開するほか，1990年代に入ってからは星空堤防，虹の広場，蛍護岸の発光公園といった，水辺に直接的に依存しない施設が整備されている（図2-49）。その一方で，1990年代の「建設省荒川将来像計画」では，オープンスペースとしての用途に加え，「生態系保存」「親水性向上」なども検討されているほか，定期的に筏レース，トライアスロンなどのウォーターレクリエーションも実施されている。その他にも，意図的に荒川放水路への親密性を促進するプロジェクトが展開している。1990年代に建設省荒川下流工事事務所などが実施していた「荒川クリエーション」では，荒川放水路を題材としたミュージカル，シンポジウムや映画や漫画・歴史本の出版など，さまざまな媒体を介した"解釈的な"アクセス（後述）が促進されている。

図2-49 虹の広場

2.4.3 おばけ煙突

　電波塔などと異なり荒川放水路は高さを伴わない構造物であり，高いところに登らない限り沿岸域外からその位置を確認することは難しい。しかし，河川域だからこそ立地した背の高い構造物があれば，その近くに河川があるという知識さえもっていれば川の位置が認識できる。荒川放水路の場合にもかつてひときわ目立つ構造物が流域にあった。それは東京電燈千住火力発電所の四本煙突，通称「おばけ煙突」である。

　大正15年（1926）に竣工した四本煙突は図2-50のようにひし形状に建っており，見える本数が側面から見れば1本，斜めから見れば2本，正面から見れば3本，そして図2-47のような角度から見ると4本に見えることから，眺める方向によって本数を次々に変える「おばけ煙突」として地域住民に親しまれていた。四本煙突に関し現在入手できる資料のほとんどは回顧録であり，「おばけ煙突」の愛称がいつ頃定着したかなどについては定かではないが，永井荷風の『断腸亭日乗』昭和11年3月17日の項にも「お化け煙突」という言葉が登場するため，この頃には少なくともこの愛称がある程度定着していたものと考えられる。隅田川沿いに豊富な冷却水を求めて立地したこの何の変哲もない発電所が，"心象風景"として千住はじめ足立区周辺の地域住民に対し及ぼした心理的影響はたいへん大きかったのである。

　川本三郎は，永井荷風の『断腸亭日乗』の記述などをもとに，昭和39年以前の「新しい都市のランドスケープ」「荒川放水路から望む風景構成要素」としての四本煙突の姿が印象的なものであったと記している。当時の住民が荷風と全く同様の思いをもって煙突を望んだか否かは定かでないが，少なくともこれと同様の景

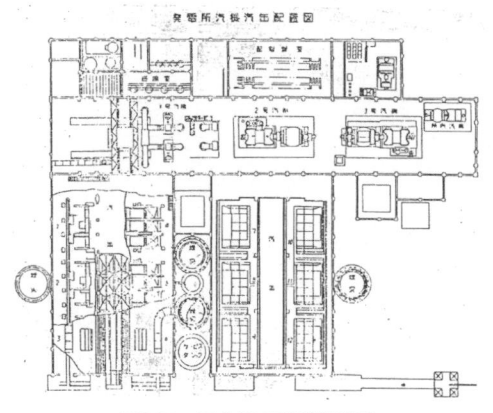

図2-50　四本煙突平面配置図

観そのものは目に入っていたであろう。また，1985年に産経新聞で特集された四本煙突回顧録においては，「お化け煙突は足立，荒川，文京，台東，江東，墨田から見えた」との記述もあり，発足当時より流域外のかなり広い範囲から頻繁に眺望されていたようである。

　さらに興味深いことには，昭和25年制定の「足立音頭」にも四本煙突の描写が登場する。しかも，冒頭に，である。住民の心象風景として四本煙突の景観が深く溶け込んでいたことが理解できる。

　　お化け煙突　工場の煙　市場ヤッチャバ　伸びゆく足立
　　足立音頭で　くるくる回りゃ　ここは都の北の門　テモサッテモ
　　足立よいとこ　足立よいとこ　物どころ　スッチョニサー

　　　　　　　　　　　　　　　　　　　　　　　　　（「足立音頭」1950）

　このように地域住民に親しまれていた四本煙突であったが，昭和33年頃より老朽化と効率の悪さが度々指摘されはじめた。その後の高度経済成長の進展に伴う電力不足と，新鋭の火力発電所の台頭におされ，昭和39年にはついに廃止・解体へと至る。これを偲び，付近の足立区立第三中学校が制作した『文集・おばけえんとつ』（昭和39年発行）には，消えゆく名物に肉親との離別さながらの寂しさが綴られ，東京下町に住む人々の共有する四本煙突への愛着と惜別の情が訴えられている。また，四本煙突の直下に立地していた足立区立元宿小学校の30周年記念誌においても，昭和30年の落成以降，小学校や地域が常に四本煙突に深い関わりと愛着を保ち続けてきたことが記されている。

　『文集・おばけえんとつ』の中に出てくる子供たちの表現をいくつか列挙して

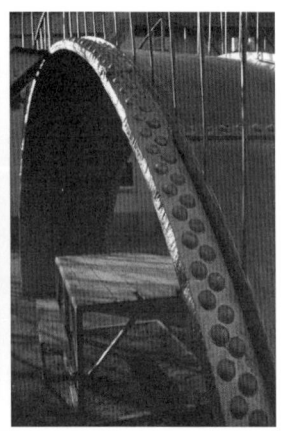

図2-51　四本煙突を輪切りにした滑り台（足立区立元宿小学校）

みたい。（（　）内は作文のタイトル）

・煙突は皆の相談相手であった。（わしは煙突）
・千住のスターでありシンボル。東京一の火力発電所（オバケエントツ）
・煙突はぼくを叱り，励ましてくれた。（ぼくらの煙突）
・とても仲良しのともだちだった。（四本煙突）
・よそから電車で帰ってきたとき，おばけ煙突を見て「そろそろ千住だ」といつも安心した。（お化け煙突）

　筆者は今まで，さまざまな土木構造物や工業施設などが「地域の心象風景になりうる」のではないかと考えてきたが，この文集にはその具体的な実例が垣間見えるようでたいへん興味深い。これが解体直前に書かれたものであって多少子供たちが感傷的になっていることを差し引いたとしても，この煙突に対する地域住民の深い思いが強く読み取れるのである。

　これらの文集に掲載されている生徒児童の通う学校の1つ，元宿小学校は正に四本煙突の真下にあった。児童たちは84mというとてつもない高さを伴って目の前に聳え立つ四本煙突を毎朝仰ぎ見ながら，6年間の小学校生活を過ごしていたことになる。現代的な観点から捉えればむしろ煙突から排出される有毒ガスや工場の騒音などが問題視されるのではないかと心配にもなるが，当時は「東京ナンバーワンの火力発電所」であり，自慢すべきモダンなストラクチャーであったのである。

　1996年にこの元宿小学校を訪れ，教頭先生にお話を伺う機会があった。昭和39

第 2 章　テクノスケープの諸相　　95

図2-52　「あだちまつり」で展示された四本煙突の模型

年（1964）の解体当時，四本煙突の消滅を惜しむ声が地元住民からも数多く寄せられたそうである。結局煙突の一部が半円形に切り取られ，元宿小学校の遊具として保存されることとなった（図2-51）。これは単なる校庭内の滑り台であるにもかかわらず，地域住民が滑り台を定期的に磨いたり，メッキを施したりするなど手入れに余念がないとのことである。正にこれは，住民が自ら選択し，自らの手で保存活用している「本物の地域財産」と言えるものであろう。

　1994年10月 8 日に，荒川河川敷虹の広場で行われた「あだちまつり」では，14分の 1 のスケールで製作された四本煙突の模型なども展示されている（図2-52）。模型の煙突には「おばけエントツ　30年前よりタイムスリップ」などと書かれ，訪問者にノスタルジックな感傷を与えている。また，1985年 9 月12日には画家・徳本立憲氏による「お化け煙突展」が荒川区画廊にて開催されている。

2.4.4　岩淵水門・小松川閘門

　北区志茂にある荒川放水路の岩淵水門は，当時としては画期的な鉄筋コンクリート・ケーソン工法により大正13年に竣工した治水構造物である（図2-53）。水門のゲートが赤く塗られていることから，竣工当時から「赤水門」の愛称で親しまれてきた。金子六郎によれば，この愛称は竣工後かなり早い時期から定着していたようである[15]。

　岩淵水門は，1982年の新岩淵水門竣工時前後に解体が予定されていたが，地元住民による保存運動が起き，現在は周辺の公園整備とともに当時の技術と荒川放水路の開発過程を物語る貴重な地域産業遺産として保存されている。

図2-53　岩淵水門

　岩淵水門と同様に，周辺地域の産業発展に大きく貢献した旧小松川閘門（1911年竣工）は，不完全保存ではあるが荒川放水路の舟運の歴史を語る産業遺産として，小松川公園のモニュメントとして保存されている（図2-54）。

2.4.5　パブリックアクセスとイメージの変遷

　次に，「パブリックアクセス」の形態に着目しながら，荒川放水路および放水路沿いに立地する構造物に対するイメージの変遷を推察してみよう。

　まず，放水路完成期には水泳などによって物理的なアクセスが見られた。その後，水練などの真新しいアクティビティが生まれ，それを取り巻く構造物もたいへん"近代的なもの"として捉えられていたに違いない。また，直接物理的に近づけずとも，放水路ないし放水路沿いの構造物が「見える」ことによるアクセス，つまり「視覚的アクセス」も存在していた。放水路や煙突に物理的・視覚的にアクセスする（触れる）ことで，人々は構造物に対し親密さを感じていったものと考えられる。

　しかし戦時期の河川敷での食糧供給場整備や高度成長期の水質低下・コンクリート護岸化などとともに，物理的アクセスは希薄化してしまう。河川敷はその後も虹の広場や運動場などのように単なるスペース利用といった水辺依存度の低い用途にあてられる傾向にあった。近年は筏レース開催などによって物理的アクセスは定期的に復活しているといえる。一方，最も明確に眺めることができた四本煙突が消滅したことで，視覚的アクセスはかなり弱まってしまったであろう。

　これらに対し，もう1つアクセスの方法がある。物理的・視覚的にはアクセスできずとも，メディアによって間接的にアクセスする方法である。これは一般に

図2-54　旧小松川閘門

「解釈的アクセス」と呼ばれている。近年は「荒川クリエーション」などのイベントによってこのアクセスが意図的に創り出されている。この背景には，放水路の存在感が薄れ，市民から疎遠になってしまったという問題意識がある。このようなイベントの究極的目標は，河川に対する人々の関心を高めることにほかならない。つまり，河川に対するイメージが薄くなってしまったことに人々は危機感をもっていたのである。

このような「解釈的アクセス」がアクセス者（イベント参加者）に与える心理的影響については未検証であるが，モノや空間に対する公的関心（public awareness）を向上させる手法としてたいへん効果があるかも知れない。実際，シンポジウムやイベントを通じた景観啓発行事や歴史啓発行事は国内外で近年広く行われている。アメリカ・バッファロー市では2002年，市内の工業運河沿いにある穀物サイロ群の歴史的価値をさまざまな視点から議論し合うというたいへん興味深いシンポジウムがあった。発表者はランドスケープアーキテクト，市の職員，歴史学者，写真家などさまざまで，専門家以外にも一般市民が多数参加していた。公的関心向上策を議論すると同時に，公的関心向上そのものもこのシンポジウムの目的だったのである。パネリストもそれぞれの専門的知識を出し合いながらも，それが一般市民レベルで十分理解し得るものにアレンジされていることが非常に印象的だった。これは個々の専門家，特に「公共」に関わる仕事に携わる人々のもつべき大切な能力の一つである気がしてならなかった。

筆者もここ数年，土木景観を含むテクノスケープの価値を一般市民レベルで議論するシンポジウムを仲間たちとともに開催している。評判は上々だが，果たし

てこの有効性がどれほどのものなのかいつも知りたいと思っている。実際現地に赴いてモノや空間に触れながら，あるいはそれを直接眺めながらその価値を見出すことと，モノや空間の価値を映像や芸術家の目を通して間接的に触れることで見出すことは，それぞれ効果にちがいがあるのだろうか。もしかしたら，後者の解釈的アクセスならではの景観啓発効果があるのではないだろうか。

　この疑問は，シンポジウムや構造物探訪などを通して感じえた率直な"思いつき"であるが，今後の学術研究や調査などで，その有効性が明らかになっていくことを期待したい。

[第2章　参考文献]
1) 『大日本帝国鉄道省文書』1925～1933年
2) 鈴木貞美編『モダン都市文学X　都市の詩集』平凡社，1991
3) 川崎郷土研究会『川崎郷土讀本巻一』pp26-28, 文教社，1932
4) 笙野頼子『タイムスリップ・コンビナート』文藝春秋，1994
5) 宮脇俊三『殺意の風景』新潮社，1985
6) 松葉一清『帝都復興せり！「建築の東京」を歩く』平凡社，1988
7) 時事新報社編『新しい東京と建築の話』時事新報社，1924
8) 桑子敏雄編『環境と国土の価値構造』東信堂，2002
9) 如月小春「わたしの『とっておき』東京スポット」，『L&G』パッセンジャーズサービス，1995年1月号
10) 千葉朗ほか『アンテナのある風景』クリエイトクルーズ，1994
11) マクダ・レヴェツ・アレクサンダー『塔の思想：ヨーロッパ文明の鍵』河出書房新社，1982
12) ロラン・バルト『エッフェル塔』みすず書房，1991
13) 絹田幸恵『荒川放水路物語』ISコム，1990
14) Marc J. Hershman, "Urban Ports and Harbor Management" Taylor & Francis, 1988
15) 金子六郎『東京の産業遺産』アグネ技術センター，1994

第3章

テクノスケープの理論

　これまで，テクノスケープに対するイメージの変遷を，工業地帯，高速道路高架橋，塔状構造物，河川周辺の構造物という4事例について見てみた。どれもそれぞれ特徴的な動きを示しているのがご理解いただけたと思う。

　この違いを引き起こす要因には果たしてどのようなものがあるだろうか。例えば，構造物そのものの形態的特徴は大きな要因のひとつである。煙突や排気塔などのように高さをもつものはひときわ人々の目につくため，視覚体験は日常的となるが，小さな水門などはその場に行かないかぎりなかなか見る機会がない。一方，塔や煙突は点的に存在し，それ自体が生み出す空間は矮小だが，河川や高架橋はそれぞれ河川敷，桁下空間という広い空間を生み出す。構造物が線的に存在するものか，点的か，面的か，あるいは鉛直方向に伸びているものか，などによって，人々の捉え方もさまざまであろう。

　もう1つは，周辺環境である。山奥／平野部などという「地理的環境」や，企業城下町／商業都市などという「社会的環境」もイメージ形成や景観評価に影響を与えると予想される。都市部の真ん中にセメント工場がある場合と，山奥にある場合とでは当然，人々の捉え方も異なるであろうし，セメント城下町におけるセメント工場の捉えられ方は当然，一般の都市に比べて特徴的であろう。

　そしてもう1つ重要なのは，時代である。これはイメージが変遷するという事実そのものから確認できることでもある。同じ工業プラントが戦前と高度成長期，そして現在で抱かれるイメージが大きく違うことがお分かり頂けたと思う。これは広義には「社会的環境」自体が変化したことにほかならない。

　このように，テクノスケープの捉えられ方にはさまざまな要因が作用しうる。これは景観一般にも当てはまることである。しかし，これを単に「種々雑多である」と結論付けてしまっては全然面白くない。これら4事例の中に何かしら共通の流れ，法則のようなものが見出せないか？　これがわかると，それぞれの現象がもう少し明快に捉えられるであろう。結論から言うと，「同化と異化」という概念を導入することで結構シンプルにまとめることができる。

「法則」といってもここで扱うものは極めてシンプルだ。後述するように，イメージの変遷パターンには大きく3通りある。

3.1 形而下のテクノスケープ評価

まず，先人たちの声を聞いてみよう。

テクノスケープに投影されるイメージを体系的に扱った研究は，現在まで多くは存在していない。しかし，皆無というわけではなかった。1995年にある学者の著作をアメリカで見つけたときは，こんなことに興味を持つ人が自分以外にもいるのかと正直言って驚いたものだ。もっとも，「近代工業化」では日本より先輩格のアメリカで，テクノスケープに関する議論が日本に先んじて展開されていても全く不思議ではないだろう。

景観学者，ロバート・セイヤー（Robert Thayer）は，テクノスケープおよび自然・風土景観に対し「自然vs.テクノロジー」という二項対立を設定し，テクノロジーに対するプラス，マイナスの評価をそれぞれ「テクノフィリア（technophilia）」「テクノフォビア（technophobia）」と定義している。「フィリア（philia）」「フォビア（phobia）」という接尾語はそれぞれ「良い」「悪い」と評価する姿勢を表す。前者は"愛好"，後者は"恐怖症"とも訳される。

これに関連してアメリカの地理学者，イーフー・トゥアン（Yi-Fu Tuan）は「トポフィリア（topophilia）」という概念を提唱している。トポフィリアは「人々と，場所あるいは環境との情緒的結びつき／場所に対する愛」と定義されている。一方，先のセイヤーの解釈の中では，テクノロジーが風土性（トポフィリア）と二項対立的に存在するものとして位置づけられている。つまり，テクノロジーはトポフィリアを壊す対象として考えられているのだ。だが，筆者は必ずしもそうとは限らないと考える。荒川放水路が好例だ。水門や四本煙突などは明らかにテクノロジーの所産であったが，これらがパブリックアクセスの促進によって周辺地域の「人々と，場所あるいは環境との情緒的結びつき／場所に対する愛」をもたらしたことは間違いない。つまり，テクノロジーの所産がトポフィリア的な性格を帯びることは可能なのである。

一方，セイヤーの提唱する「テクノフィリア」は，文字通り訳せば「テクノロジーに対する愛」である。かつてのマシン・エイジのアメリカにおける工業の評価などがこれに相当すると思われるが，本書でもいくつか確認できた。例えば，戦前の京浜工業地帯のテクノスケープなどである。それは「テクノスケープ」を

媒介とした「工業に対する愛」の表れで、生活を豊かにしてくれる工業が良いものとして評価されていたのである。言い換えれば「形而上」のテクノスケープ評価が成立していたということだ。

しかし、良いものとしてのテクノスケープの評価は形而上にのみ限定されていただろうか。良いものとして評価されるのは、景観に投影される「工業」なる意味内容だけに限定されていただろうか。そんなことはない。例えば、京浜工業地帯の分析で得られた「無機的視覚像」のプラスイメージには、テクノロジー自体への崇拝の念はみられなかった。それは「工業を評価する」という意味を超えた景観の面白がり方であった。単に見た目を面白がる景観の愉しみ方、言い換えるなら「形而下」の愉しみ方であった。

この点はまだセイヤーもイーフー・トゥアンも提唱していない。本書が入りこむ隙はここにある。これこそが、本書が最も強調して指摘したい重要事項の1つであることは言うまでもない。

3.2　イメージの分類

では、ここで先人たちの考えを参照しながら、新たなイメージ分類をしてみたい。これもたいへんシンプルなものである。

まず、テクノスケープが場所に溶け込んでいる状況、および溶け込んでいない状況を考えてみたい。

四本煙突などは、既存の場所（"コンテクスト"と言い換えることもできる）に溶け込み、人々に愛されていたことがわかった。また、一時期の東京タワーなどは場所に溶け込みすぎて逆に忘れ去られていたきらいさえある。場所に溶け込むことが必ずしもプラスに評価されるとは限らない。そこで、四本煙突のように場所に溶け込んでプラスに評価される場合を「同化」、一時期の東京タワーのように場所に溶け込みすぎて忘れ去られてしまうパターンを「埋没」と定義しよう。「同化」「埋没」はともに場所に溶け込んだことによる結果の正・負の評価である。

次に、場所に溶け込んでいない場合を考えたい。例えば、京浜工業地帯のテクノスケープが近年評価される「無機的視覚像」はプラス評価ではあるが、川崎という場所に依存するプラス評価ではなくなっている。また、公害問題の顕在化した時期などのように、むしろ場所を汚すものとして散々嫌われてしまったケースもあった。ここでは、場所に溶け込んでいない状態でプラスに評価されるものを

「異化」，そして逆に場所に溶け込んでいないがために嫌われてしまうものを「排除」と定義しよう。

以上の4つのイメージを図式化すると，図3-1のようになる。

「同化」「埋没」と，これに対する「異化」「排除」という概念は，現時点では仮説に過ぎないが，これを時間とともに追っていくと面白いパターンが見えてくる。ここではそれを「動き＝ダイナミズム」として提唱してみたい。

3.3 同化と異化のダイナミズム：各事例の解釈

3.2で定義した4つのイメージ概念を使って，各地で見てきたテクノスケープのイメージ変遷のパターンを見てみよう。

3.3.1 京浜工業地帯のケース

I 戦前期〜戦後直後期の「異化」および「同化」

戦前期から公害問題の顕在化する時期までは，殖産興業思想が明治期以来引き継がれていたものと考えてよいだろう。この時期には，"最先端のテクノロジーによって国家や生活を豊かにしよう"という「テクノフィリア」的なイメージがあった。今までの生活（コンテクスト）からはかけ離れた新鮮な景観が展開され，それが良いものとして評価された。当初は明らかに「異化」のイメージがあったのである。

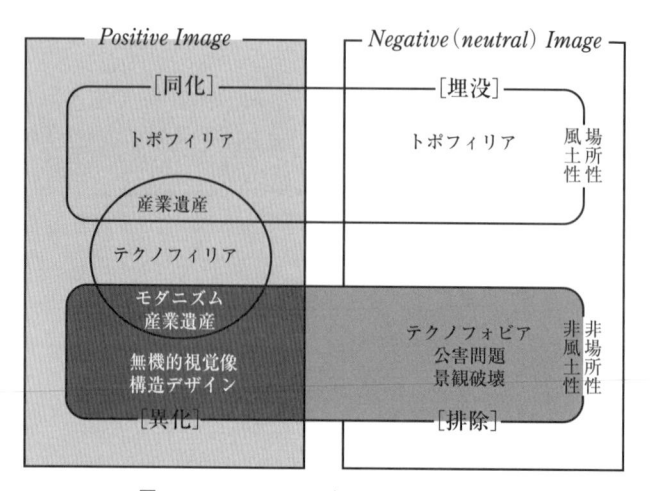

図3-1 テクノスケープ・イメージの4分類

しかし，扇島海水浴場や運河住宅のように，このようなプラスのイメージを追い風にしたレクリエーション空間や生活空間が工業地帯内に整備された。テクノスケープはどんどん身近なものとなり，校歌にも歌われるなど次第に生活の一部として意識されるようになっていく。つまり，場所に溶け込んだプラス評価である「同化」がここで生起しているのがわかる。

II 高度成長期の「排除」

ひるがえって，公害問題が顕在化する高度成長期になると，工業自体に対する人々の不信感が強まった。つまり，テクノロジー自体を嫌う「テクノフォビア」が生起したのである。そのため，「公害を発生させる工業」という意味内容を直接表してしまうテクノスケープは生活からは隔離され，場所性を失った「排除」の否定的イメージが急激に現れてしまう。

この時期より，植栽による工業景観の隠蔽や東京湾沖への工場移転などのように「排除」のイメージを緩和する施策がとられている。

III 近年（1980年代～）の「異化」

1980年代以降は公害問題が鎮静化の方向に向かい，テクノフォビアの緩和とともに「排除」のイメージも鎮静化していくのが確認された。さらに，その後川崎マリエンの整備や観光ガイドブックによる鶴見線の紹介などによって人々はふたたび工業景観に触れる機会を得たが，そこで発見された工業景観の美とは，今の生活やコンテクストからはかけ離れた「無機的視覚像」であり，「異化」の肯定的イメージとして捉えることができる。

このダイナミズムを概念的にまとめると，図3-2のようになる。

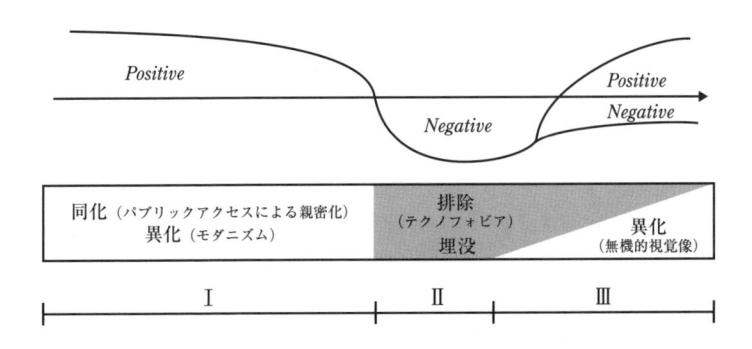

図3-2 同化と異化のダイナミズム：京浜工業地帯のケース

3.3.2 首都高速道路高架橋のケース

Ⅰ 創設期の「異化」

創設期には，高度経済成長の成果ともいうべき首都高速道路の景観をポジティブに評価する「テクノフィリア」のイメージが存在していた。ここでも従来の生活空間や既存のコンテクストからはかけ離れた新鮮な景観が展開し，良いものとして評価された。これも「異化」のイメージとして捉えることができる。

Ⅱ 高度成長期の「排除」

その後，京浜工業地帯と同様に首都高速道路においても公害問題が顕在化し，テクノフォビアの「排除」イメージが発現する。同時に高架橋に対し，代償・緩和などの消極的な景観設計が行われていく。

Ⅲ 近年（1980年代〜）の「異化」

近年は，親しみやすい名前を付けることによる名所化などを契機として，来訪者は「近接視点場」という全く新しい視点場から構造物を体験する機会を得た。それにより，従来認識されていなかったような構造物の新たな美を賞玩する「異化」のイメージが発現しているといえる。

以上を概念的に図示すると，図3-3のようになる。

3.3.3 東京タワーのケース

Ⅰ 創設期の「異化」

高度経済成長時代を背景とする東京タワー創設期においては，その「世界一」という地位を伴う高さの礼賛や，新時代を代表するテレビ塔機能による「テクノ

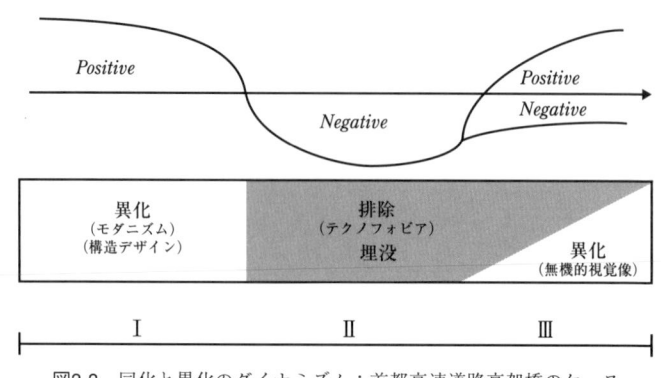

図3-3 同化と異化のダイナミズム：首都高速道路高架橋のケース

フィリア」のイメージが投影されていた。これも同様に，従来の生活空間からはかけ離れた新鮮な景観のプラス評価であり，「異化」のイメージとして捉えることができる。

Ⅱ 創設期以降の「同化」および「埋没」

供用後，東京タワーへの多様なパブリックアクセス整備によって親密化が進行し，上記のような崇高的イメージは希薄化していった。一方で，東京タワーがモノ自体から生活背景・生活舞台風景としてイメージされる「同化」が進行している。また，周囲の高層化による相対的高さの低下なども伴い，東京タワーは次第に周囲の環境に「埋没」し忘れ去られていく。

Ⅲ 近年（1990年代～）の「異化」

一旦「埋没」していた存在感がその後のライトアップ事業によってふたたび活性化されている。この幻想的イメージも既存のコンテクストとは直接結びつかない「異化」のイメージ発現と捉えることができよう。

以上を概念的に図示すると，図3-4のようになる。

3.3.4 荒川放水路沿いの構造物のケース

Ⅰ 創設期の「異化」および「同化」

竣工期には，最先端の技術により建設された荒川放水路と，最新鋭の画期的な発電施設の煙突などに成長主義を投影する「テクノフィリア」のイメージが見られる。これも従来の生活空間や既存コンテクストとは直接結びつかない「異化」のイメージとして捉えられる。一方，竣工当時に発生した水泳場などのパブリックアクセスによる「親密化」の進行とともに次第に生活空間の一部へと包含され

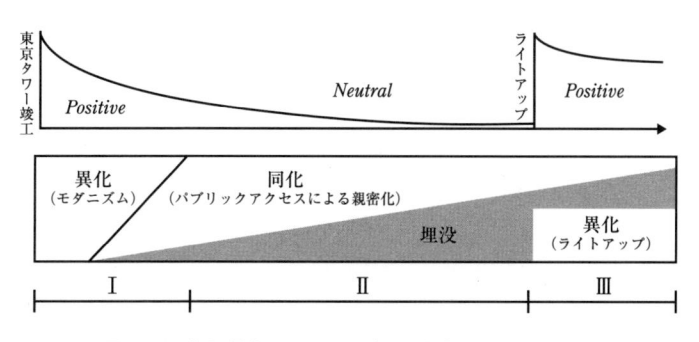

図3-4 同化と異化のダイナミズム：東京タワーのケース

る「同化」のプロセスがみられる。この事例ではテクノフォビアを経由せず，構造物への親密化が継続して進行している。

Ⅱ　その後現在までの「同化」および「埋没」

以後同化が進行し，近年は煙突や水門などのようにいわば地域風物化した構造物の「地域産業遺産」としての価値が見直されている。また，すっかり弱まってしまった荒川放水路の存在感の復権を目指したイベントなども行われ始めており，これは「埋没」した放水路を克服しようという流れとして位置づけられる。

以上を概念的に示すと，図3-5のようになる。

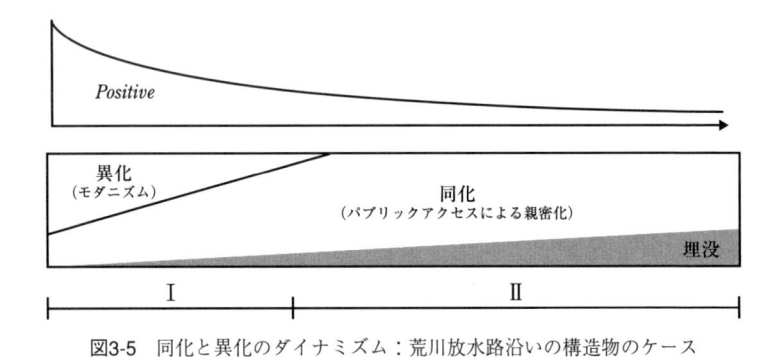

図3-5　同化と異化のダイナミズム：荒川放水路沿いの構造物のケース

3.4　同化と異化のダイナミズム：3つのパターン

以上4事例から同化／異化のダイナミズムをそれぞれ提示したが，これらにはおよそ3つの共通する流れが読み取れる。これは，モノが建設され，それに対するパブリックアクセスが生じ，時には公害問題や環境破壊によるテクノフォビアが発生し，その克服後に新たな景観的価値が生起するという普遍的なイメージ・パターンと言える。少し具体的に見てみたい。

3.4.1　異化→同化・埋没の連続ダイナミズム

既存コンテクストから乖離した構造物が新たに整備され，それが成長主義などの社会的背景とともにポジティブに評価される（景観異化）ケースがあるが，その後次第に周辺環境に同化・埋没していく。京浜工業地帯，荒川放水路においてはレクリエーション施設などの物理的アクセスによる同化が，また東京タワー

おいては物理的・視覚的アクセスに加えテレビ映像などを媒介とした間接的・解釈的アクセスによる同化が進行していた。また，東京タワーでは周辺の高層化に伴う埋没化が，首都高速道路高架橋においては意図的な同化デザインによる同化・埋没のプロセスがみられた（図3-6）。

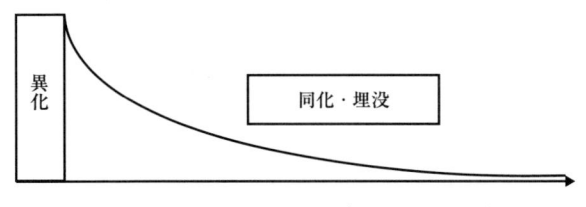

図3-6 同化と異化のダイナミズムパターン（Ⅰ）：
異化→同化・埋没の連続ダイナミズム

3.4.2 テクノフォビアによるイメージの不連続的変化

3.4.1の同化・埋没は連続的に進行するが，京浜工業地帯や首都高速道路の例のように，公害問題や環境破壊などによるテクノフォビアが生じることによってポジティブイメージがネガティブへと不連続的に転換する流れがある（図3-7）。

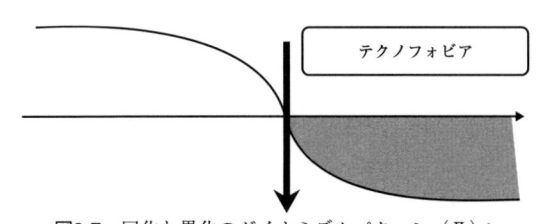

図3-7 同化と異化のダイナミズムパターン（Ⅱ）：
テクノフォビアによるイメージの不連続的変化

3.4.3 価値転回としての異化

テクノフォビアが生起することで人々はテクノスケープを排除しようとした。構造物の存在を視覚的に隠蔽・隔離し，テクノスケープに投影されていた"公害問題発生源"という意味は緩和ないし破壊・棄却されていく。東京タワーは公害問題を経験しなかったものの，周辺環境の高層化という現象によって視覚体験の機会が減少し疎遠化することで，京浜工業地帯と同質の意味棄却のプロセスが緩やかに進行したものと考えられよう。

その後これらに共通して生じた現象が非常に興味深い。構造物の「存在自体」の再発見と，それに伴う美的価値の発見である。この場合，一旦失われた意味や

場所性の再投影は成立しにくく，既存コンテクストとは強い結びつきをもたない「景観異化」の価値として認識される傾向がみられた。これは広く言えば，以前の価値観を脱し新たな価値観を構造物視覚像に与えようとする「価値転回」の現象といえる。

この「景観異化」という概念は，従来の景観設計や景観研究ではあまり議論されてこなかった内容である。本書の重要な主題の1つが，この「景観異化」であることは言うまでもない。構造物そのものには手を加えずそこに残ったままにしておいても，その周辺環境や景観を見るわれわれの意識に何かしら操作を加えることで，今まで何気なく見えていたものが「面白く」見えるようになる可能性を示唆してくれる大変興味深い概念である（図3-8）。

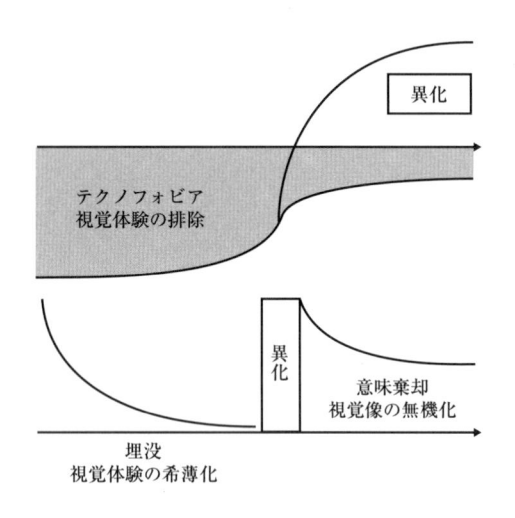

図3-8 同化と異化のダイナミズムパターン（Ⅲ）：
価値転回としての異化

「景観異化」を考えると，今まで漠然としていたさまざまな景観現象を説明することができるかも知れない。多少繰り返しになるが，まず1つは，景観異化の操作というのは創作論の1つではあるものの，モノを最初から作り出す設計論とはややかけ離れた考え方であるという点だ。極端な話，モノ自体はそのままでも構わない。見る側の視点ないし姿勢をうまくアレンジすれば，眼前の景観は価値をもちうるということになる。例えば，先に見たアメリカのガスワークス・パークなどは典型的である。既存のガスプラントには手を加えずとも，周辺環境を芝生で覆ったり小高い丘をつくることでその見え方が工夫された。そして先述の設

計者ハーグ教授が何よりエネルギーを注いだのは「地域啓発」であったことを今一度思い出したい。当時，人々が一般に抱いていた「環境を破壊するガスプラント」という固定観念を，「価値ある歴史資産」「シアトル市のシンボルに値する楽しい景観」として啓発し続け，その長年の努力が功を奏し現在は独立記念祭が毎年行われるほどの公園になったのである。周辺環境を芝で覆うという景観的コンテクストの改変，そしてそのさらに外側にある"人々の認識"という社会的コンテクストの同時改変プロセスであったのだ。モノ自体には操作を加えずとも，"新たな景観的価値"は確実に芽生えたのである。

　それでは，「景観異化」を設計者は一体どうやって意図的に創り出せるのだろうか。このきわめて重要な課題については，**第4章**で改めてスポットライトを当ててみたい。「異化」とはそもそも言語学者が詩を分析するときに考え出した概念であり，その後視覚芸術においてもさまざまな形で取り入れられている。そしてそれに匹敵するだけの面白さを，テクノスケープは潜在的に秘めていることも確認したい。

　視覚像から意味が棄却される，ということを述べたが，棄却された結果残ってしまうものは即物的な「形」である。「公害の発生源→わが町の宝物」というように意味が組み替えられることもありうるが，そこに行き着くにはまず既存の意味が取り払われなければならない。その後新たな意味が付与される前の，意味が空白化し形だけが評価される状態が「無機的視覚像」の評価であった。

　このようなテクノスケープの形而下的特徴，すなわち形の特徴とはどのようなものなのであろうか。次節ではその特徴をまず分析してみたい。

3.5　テクノスケープの形而下的特徴

3.5.1　形而下のテクノスケープと「無意味な体制化」

　改めて強調するまでもないが，テクノスケープ，特に工業景観はたいへん特徴的である。普段われわれがイメージする景観とはかなりかけ離れた特徴をいくつももっている。画家・牛島憲之は京浜工業地帯を「造形の宝庫」と呼んでいたように，工業プラントには球形タンクやカマボコ型の上屋，細長い円筒形の排気塔，円柱のようなガスタンクなど幾何学的な形がたくさんある（図3-9）。また，トラスやケーブルなど細い部材から構成されることで透明感のあるものも少なくない。タンク群や排気塔群のように，同じ形をしたものが連続的に整然と配列されているものもある。そして，これらがいずれも「機能」を追求した結果形成され

図3-9 特徴的な幾何学的形態をもつテクノスケープ
岩手県松川地熱発電所冷却塔

た形態であるところが面白い。何も「円形は角がないからスッキリしていてよい」とか「どっしりとしていて勇ましい」「力の流れが見えてスレンダーだ」などという美的・表層的な形態決定プロセスを経たわけではないのだ。もっと腰の据わった要因があり，その中に私たちオブザーバーが美を見出しているのである。

ところで，京浜工業地帯の現代における景観のプラス評価や，前述の牛島憲之の表現のように，「形を愉しむ」ということは一体どういうことなのであろうか。前節では「意味を伴わない評価」と書いたが，もう少し具体的に（しかし簡潔に）説明してみたいと思う。

これを説明するのにとてもわかりやすくシンプルな例がある。知覚心理学でいう「体制化」というものである。ある映像を見たときに，それを「何か」だと認識することを「体制化」と呼ぶ。これには大きく2種類ある。図3-10を見ていただきたい。

これは一体，何に見えるだろうか。一見，わけがわからない。黒いキャンバスに，白い断片が配列されているだけだとほとんどの方が思われるであろう。事実，筆者も最初はそう思った。今の皆さんのこの心理状態を「無意味な体制化」と呼ぶことにしよう。要するに「何だかわからないけど，形があるなぁ」と思う状態である。

この心理状態を是非，しっかりと記憶に止めておいていただきたい。なぜなら，この「無意味な体制化」こそが本書で最も主張したいテーマの1つであるから

第3章 テクノスケープの理論　*111*

図3-10　知覚体制化[1]

だ。つまり、私たちにとって今この絵は、「白い断片」という以外の何物でもない。「白い断片」には意味が棄却されているのだ。そこに読者の方は「餅」「雲」「こぼれたペンキ」など具体的な物を連想されるかも知れない。このように「無意味な体制化」の下では、私たちはそれにさまざまな意味内容を投影する自由度を得ていることも事実である。

　では、少し見方を変えてみよう。この絵が、白いキャンバスに描かれている、と思って見直してみる（別な言い方をすると、白い部分を"地"と捉える）。そうすると、突如として画面全体に大きな「memo」という文字が現れるであろう。つまり、私たちはそこに「メモ」という具体的な内容を見て取ることができたのである。この状態を「知覚体制化」と呼ぶことにしよう。先ほどのように、「雲」「餅」などと連想するプロセスも広義の「知覚体制化」と言えるかも知れないが、これらは見る側が自由に想起しているのに対し、「memo」における自由度はきわめて小さい。いや、小さいどころか、想起されるものは「メモを取る」という概念にほとんど限定されてしまうと言っても過言ではない。韓国を代表する景観研究者、姜榮祚教授の発表した「地形の相貌的ゲシュタルトの獲得過程」[2]なども、漠然とした山の姿に鶴や亀などの具体的な事象を当てはめ命名する「知覚体制化」の一例として捉えることができる。

　これから見ていく工業景観の形についても、この「無意味な体制化（＝形而下）」における特徴に限定して話を進めたい。形態がどのようなものに分類されるのか、また人々はどのような形を特徴的なものとして記憶するのかについて把握するため、心理実験とCGを用いた定量的検討を手がかりにして話を進めてみよう。

3.5.2 工業景観のエレメント

まず，工業景観の「形」の特徴を抽出する。そのために，次のような「記憶再現実験」という実験を行った。これはその名の通り，被験者にものを見たり聞いたりしてもらい，暫くたってからその内容を尋ねて「印象に残りやすい」要素を抽出する方法である。

まず，川崎市港湾局の許可を得た上で京浜工業地帯を訪れ，工業景観の写真を徹底的に撮影した。そしてそれらを研究室に持ち帰り，現像プリントされた写真30枚を被験者である学生14名に順次5秒ずつ見てもらう。その後15分ほど経ってから彼らに紙と鉛筆を渡し，「印象に残っている」景観を描いてもらった。被験者は3枚から5枚ほどの絵を描いてくれたので，合計51サンプル集めることができた。その中で描かれているものを丹念に検討し，30枚の写真の中から「印象に残っている」景観を含んでいる写真8枚を設定した。

続いて，この8枚の写真をスライドにし，「瞬間露出実験」と呼ばれる実験を行った。これは心理学において，ある図像の大まかな特徴を把握する際に用いられる方法である。被験者にある映像を一瞬（何分の一秒というレベル）だけ見せ，見えたものを描いてもらう。これによって，映像のもつ大まかな特徴のみを抽出することができる。

厳密に言うなら，通常この瞬間露出実験には「タキストスコープ（瞬間露出器）」という特殊な（＝高価な）装置を用いなくてはならないが，そんなものを買うお金は当時大学院生の筆者にはとてもなかったため，手元にあるガラクタを寄せ集めて簡易な実験装置をつくることにした。それは，スライドプロジェクターのレンズの先端を，光が漏れないように廃カメラのシャッター幕にくっつけただけのものである。スライドプロジェクターから出る光線とシャッター幕の軸をうまく合わせると，レンズの先からスクリーンに見事に映像が映し出される。つまり，通常写真撮影をするのと逆方向にカメラ内に光を送るのである。これなら，カメラのシャッタースピードを変えることで，映像を「瞬間露出」する時間も変えることができる。我ながら名案！と叫びたいところだが，正直に言うとこれは大学の近くにある写真機店のベテラン店員さんのアドバイスで実現した。この場を借りて御礼を申し上げたい。

この簡易タキストスコープを用いて，早速実験に取り掛かった。実験は学生17名を対象とし，前項で得た8枚の写真を順次1/60秒，1/8秒，及び1/2秒で瞬間露出し，その残像を描いてもらった（計136サンプル）。

この"1/60秒，1/8秒，1/2秒"というのがどういう感覚かというと，1/60秒は

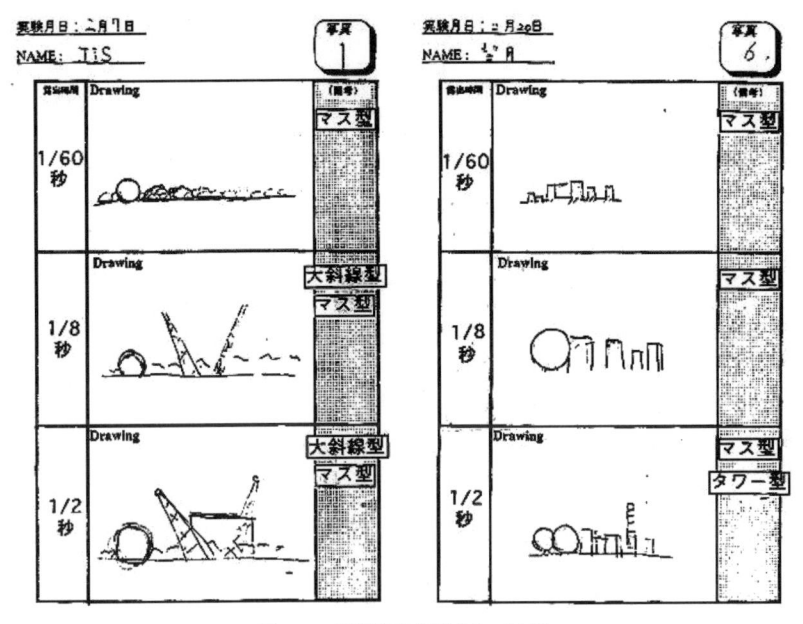

図3-11　瞬間露出実験サンプル例

「あれ？　今何か光ったかな？」、1/8秒は「何か見えたような気がする。でも何が見えたのか具体的にはよくわからない」、そして1/2秒が「結構見えた感じがするけど、あまり詳しくは思い出せない」という感覚である。つまりこの作業によって、どんな形が目立つのか、どんな形が特徴的なのか、などを把握することができるというわけである。

　被験者の描いてくれた絵を図3-11に示す。露出時間の最も短い1/60秒でもかなり鮮明な特徴が描き出されているのがわかる。もちろん、個人差があることも事実ではあるのだが。

　これらの絵に多く描かれている要素を検討し、工業景観の「特徴的形態」として次の6つのエレメントを抽出することができた（図3-12）。
① 　タワー型（化学工場や発電所排気塔など）
　　　・鉛直方向の直線が卓越するもの
② 　マス型（タンクやセメントサイロなど）
　　　・マッシブな（塊のような）形態をもつもの
③ 　浮遊型（作業中のクレーンやプレコレクター集塵装置など）
　　　・浮遊感を呈するもの。重力に逆らった形態をもつもの

114

①タワー型

②マス型

③浮遊型

④束型

⑤山型

⑥大斜線型

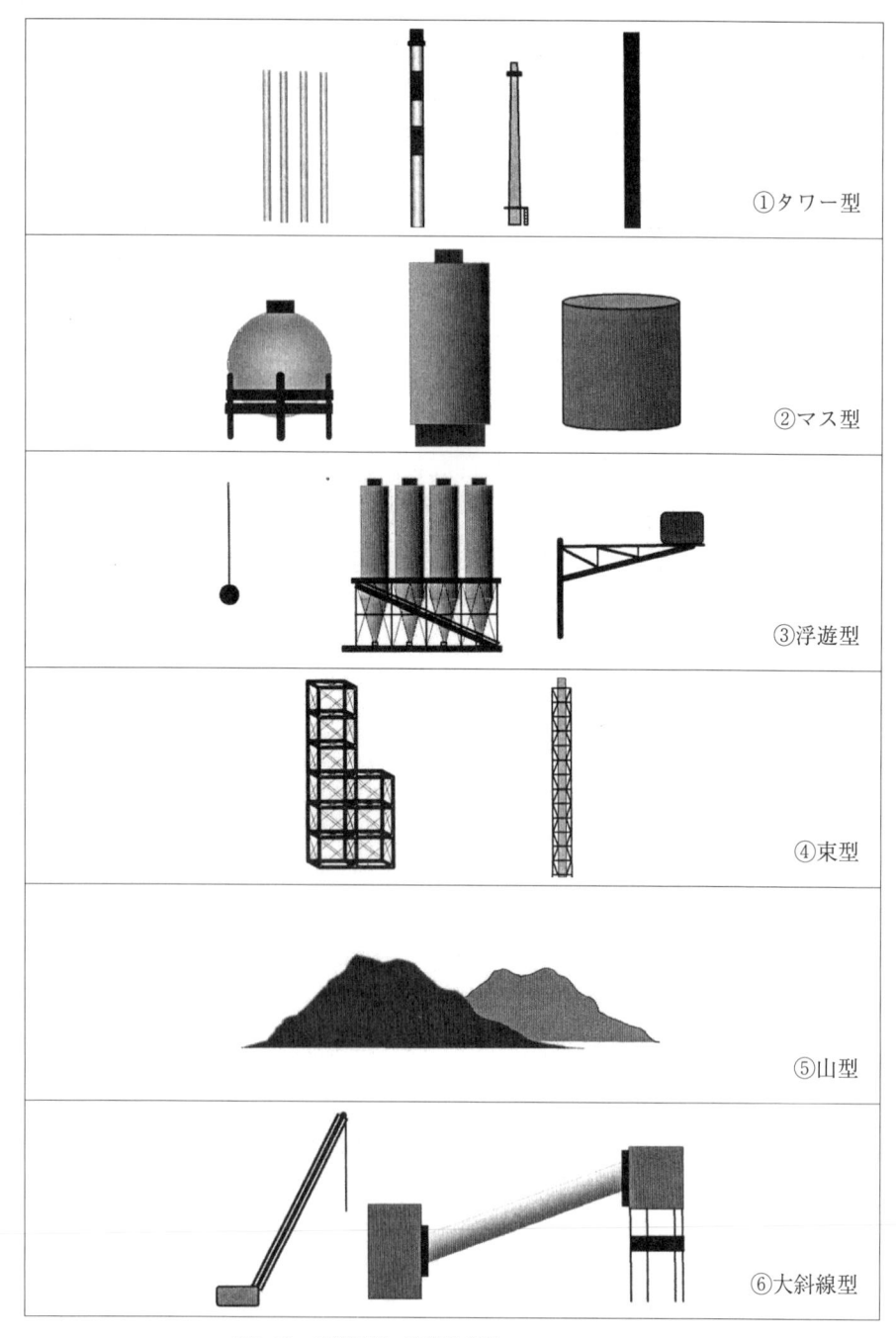

図3-12　工業景観の特徴的形態：6つのエレメント

④ 束型（空間フレームや輸送管束など）
　　　・トラスの構成部材など，細長い部材の入り組んだ形態を呈しているもの
⑤ 山型（石炭野積など）
　　　・土砂やコークスなどが堆積してできた形態
⑥ 大斜線型（コンベア，キルン，クレーンなど）
　　　・スケールの大きな斜線要素が卓越するもの

　次に，これら各エレメントの"絵"への「出現率」を，露出時間毎に見てみよう（図3-13）。ここにもなかなか面白い現象を見ることができる。まず，全体的に大斜線型，マス型，山型，タワー型，浮遊型，束型の順に出現率が高いことがわかる。特にマス型は1/60秒の段階で既に56%も出現しており，この露出時間としては他に比べてダントツである。しかし，逆に1/8秒以上では大斜線型に抜かれてしまう。これは一体どういうことであろうか。

　マス型構造物というのは，文字通り「マッシブ」な形態である。このような構造物が映像の中で占める面積は当然，大きい。つまり，瞬時に見たときの視覚的インパクトが大きく，非常に短い露出時間でも強く認識されると推測できる。

　一方，次段階の1/8秒以降では，大斜線型やタワー型，山型などの"線的"特徴（山型はスカイラインに線的特徴をもつ）が多く出現している。特に，文字通り大きな「線」を見せる「大斜線型」の出現率は非常に高い。残りの束型，浮遊型は比較的ディテール部分の特徴であるため，最終段階の1/2秒に至るまで出現率は低くなっているものと考えることができる。つまり，塊→線→ディテールの順で強く認識されているといえそうである。

3.5.3　視点移動によるエレメントの景観変化

　次に，それぞれのエレメントの「見え方」を把握してみたい。ここでは各エレメントに対応する構造物をCGで描き，視軸方向，及び仰角・俯角を変化させることによりそれぞれの特徴の把握しやすさを検証してみた。

　まず，エレメントが単独で存在する場合を考えてみたい。

　視軸方向を「正面／斜交／側交」の3段階で図3-14のように変化させてみよう。この場合，「大斜線型」において大きな景観変化が見られる。入射角が平面上で大斜線に直交する「正面」の場合に大斜線型の特徴が明確に把握できるのがわかる（図3-15）。

　続いて，図3-16のように仰角を変化させることによる景観変化を検討してみよう。

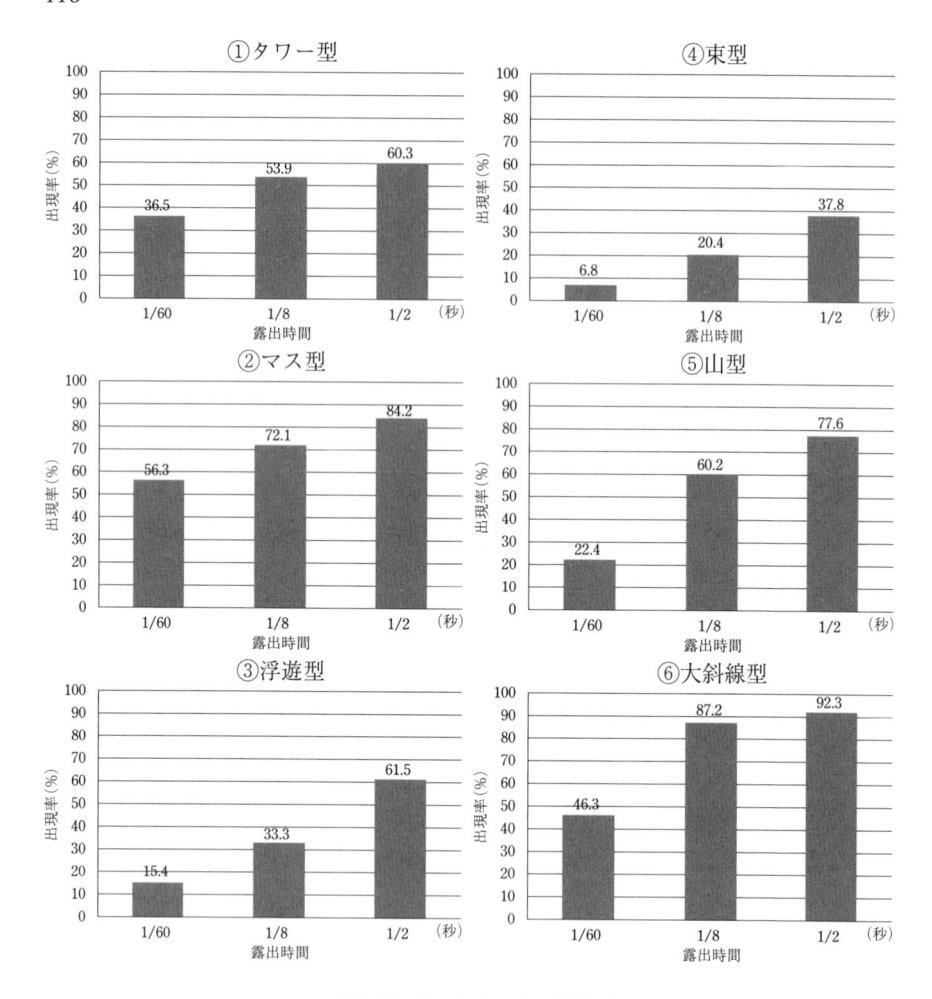

図3-13　各エレメントの出現率

　巨大な「マス型」の構造物は，仰角の増大と共に大きなスケール（これを「スーパーヒューマンスケール」と呼ぶ）が強調され，マッシブな特徴が際立つのがわかる。同様に，浮遊型も大きな仰角で見上げたときに浮遊感が強く認識されるのがわかる（図3-17）。これに対して，「大斜線型」は大きな仰角ではその特徴がかえって不明確になってしまう（図3-18）。

　では次に，図3-19のような俯角変化による景観変化を検討してみよう。図3-20のように，山型，浮遊型，大斜線型で景観変化を生じる。山型は小さな俯角でスカイラインの輪郭が鮮明となり，自然地形と同様の景観変化をもっている。俯角

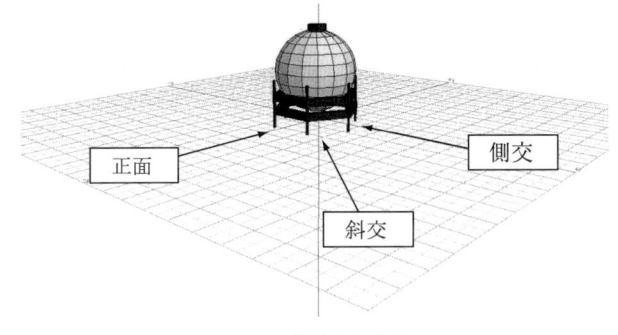

図3-14　視軸方向変化

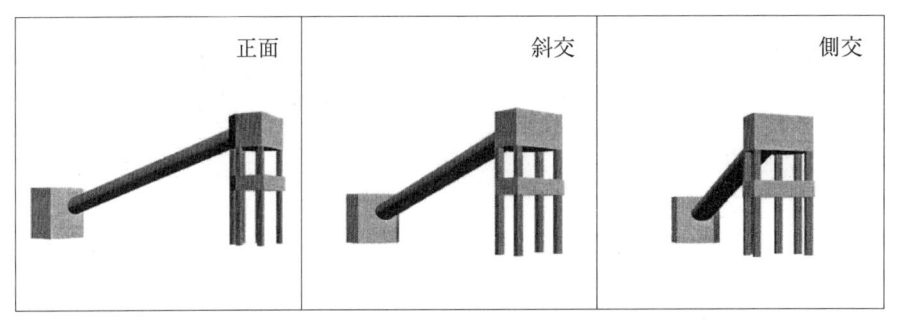

図3-15　大斜線型構造物の視軸変化による景観変化
「正面」の場合に特徴が最も明確に把握できる

増大に応じて景観は流動的となり，個々の形態的特徴を捉えにくくなるのがわかる。

浮遊型と大斜線型も，俯角が大きくなるとその特徴が捉えにくくなってしまうのがわかるであろう。

以上，各エレメントが単独で存在する場合の景観変化を考えてみた。各エレメントがそれぞれ非常に特徴的な形態を呈しており，CGによってその特性を把握することがかなり有効であることが分かる。テクノスケープはこのような個々の形が集まって形成されていることも多い。その場合，景観特性にもさらなるバラエティがもたらされることとなる。そこで今度は，各エレメントが複数集まっている場合を考えてみよう。

各エレメントが集まっている状態のうち，まずはそれらが整然と規則的に配置されている「配列状態」の場合を検討してみたい。例えば，「列」や「群」として工業施設が存在する場合は，個々の形態的特徴のほかに，「列」「群」といった

仰角10°　　　　　　　　　仰角30°　　　　仰角45°

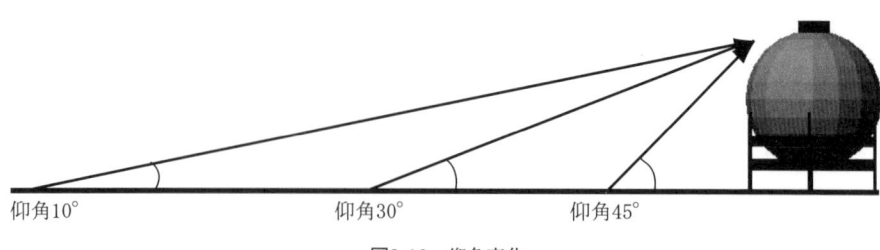

図3-16　仰角変化

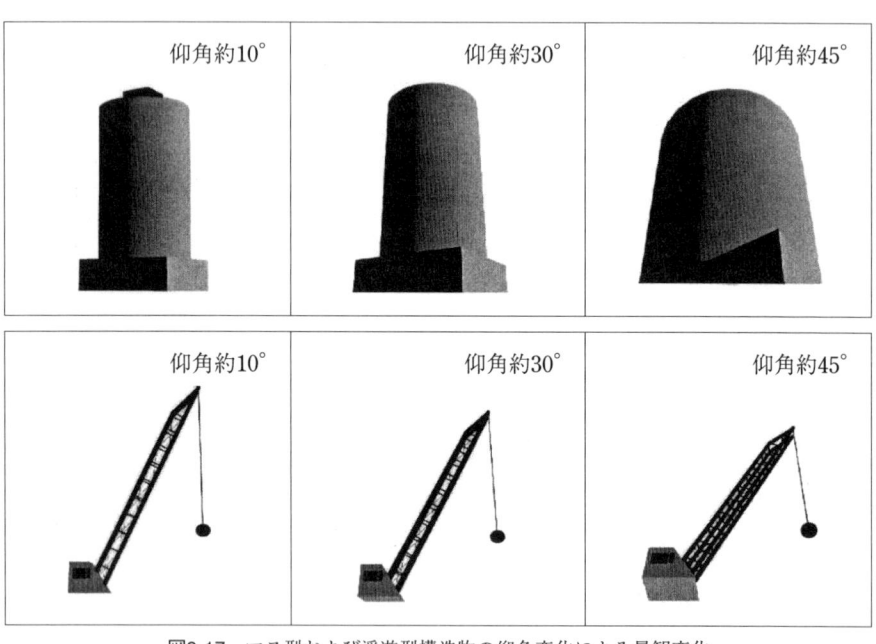

図3-17　マス型および浮遊型構造物の仰角変化による景観変化
仰角が大きい場合に特徴が最も明確に把握できる

図3-18　大斜線型構造物の仰角変化による景観変化
仰角が小さい場合に特徴が最も明確に把握できる

第3章 テクノスケープの理論

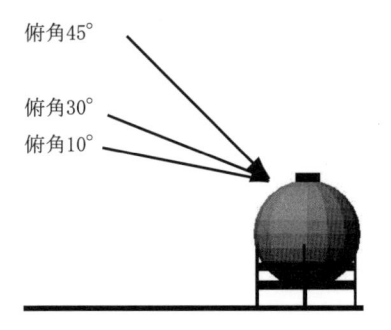

図3-19 俯角変化

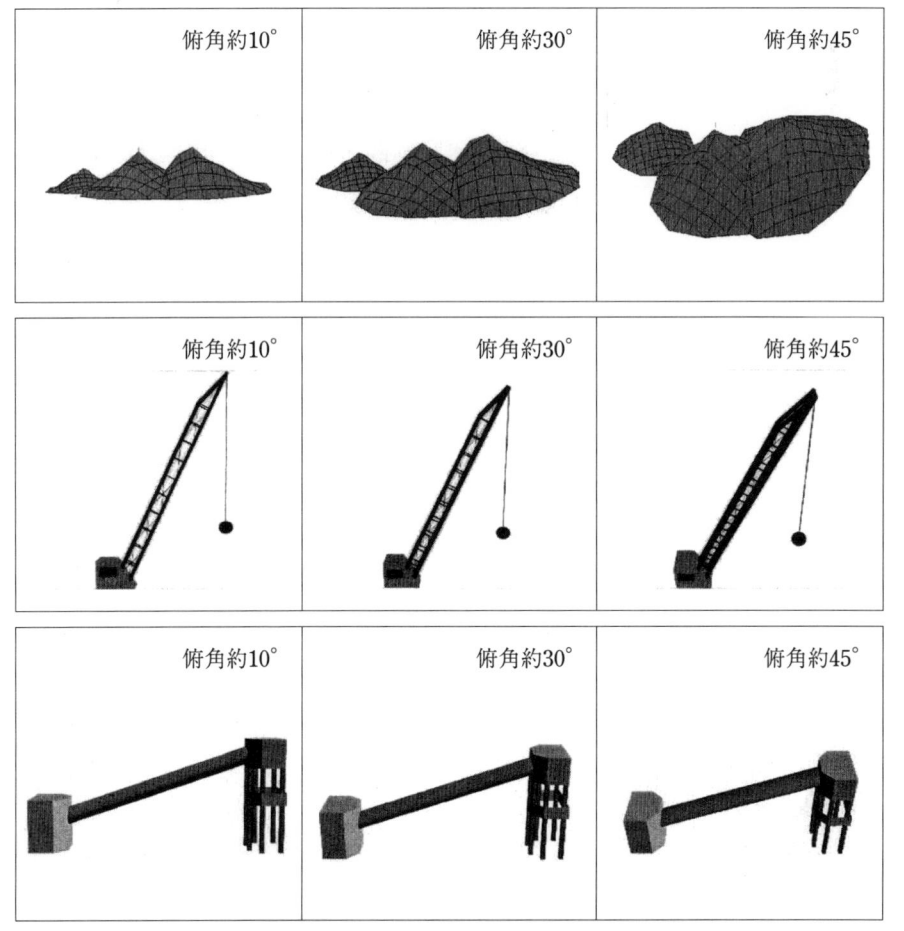

図3-20 山型，浮遊型，および大斜線型の俯角変化による景観変化
いずれも俯角が小さい場合に特徴が最も明確に把握できる

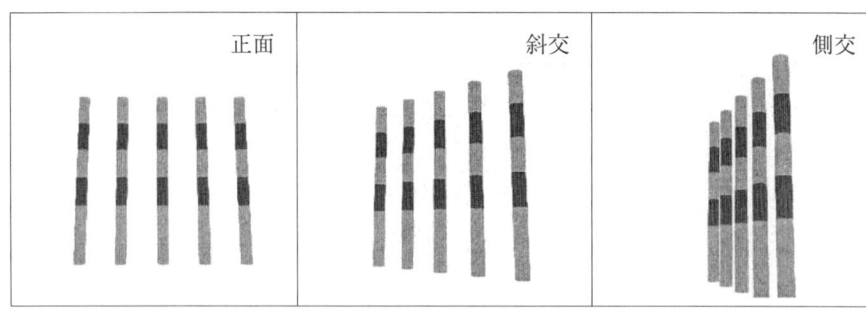

図3-21 タワー列の視軸変化による景観変化
側交に近づくほど特徴が把握しにくくなる

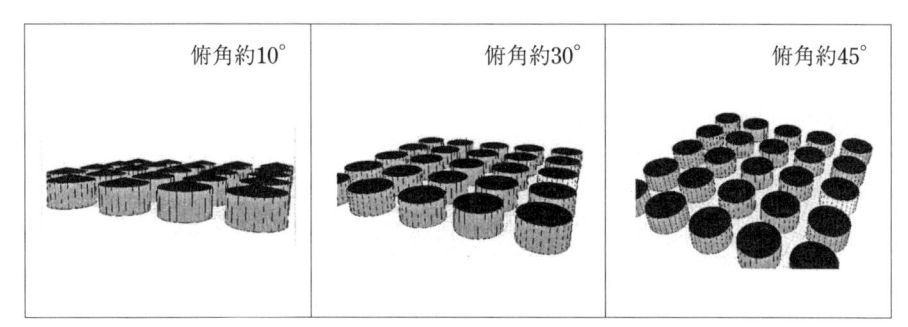

図3-22 石油タンク群の俯角変化による景観変化
俯角が大きくなるほど配列秩序を捉えやすくなる

「秩序」の特徴をもつこととなる。

　火力発電所排気塔など列状に並んだタワー列と，整然と並んだ石油タンク群において検討を行ってみた。タワー列は「正面」「斜交」の視軸方向で，また石油タンク群では大きな俯角の場合に配列秩序が捉えやすくなる（図3-21, 図3-22）。

3.5.4 テクノスケープの独自性

　以上，テクノスケープの特性をいくつか挙げてその特徴を個々に検討してみたが，実際はこのようなさまざまな特徴的形態がたくさん集積している場合も非常に多い。それぞれの形態的特性を参考に，さまざまなエレメントが集積する工業景観をCGで描いてみた（図3-23）。この絵にリアルなテクノスケープの面白さが表現されていると思っていただければ幸いである。テクノスケープとはそもそも，タンクやクレーンなど機械的に決定された形態エレメントが機械的に集積した景観だからこそ，機械的描画であるCGが表現手段としてその様子をリアルに再現できる，ということなのかも知れない。実際，CGはばらばらに作成したパーツ

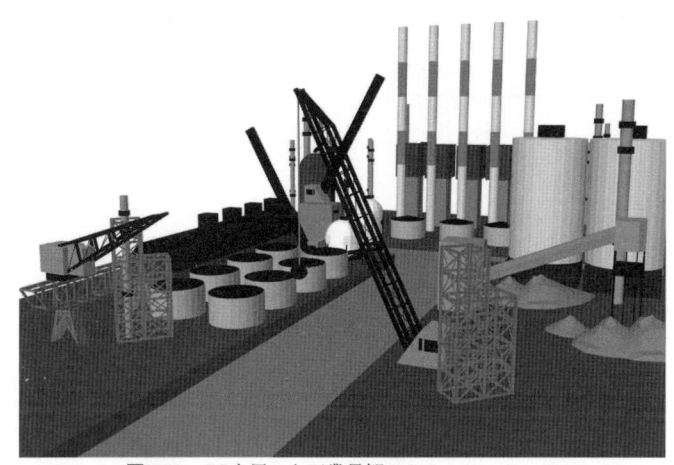

図3-23　CGを用いた工業景観のシミュレーション

の組み立てや，その機械的複製を最も得意とする表現ツールといえる。これは規模の経済（同じ規格のものをたくさん作ることが経済的に有利である，という考え方）や，施工性（つくりやすさ）を最重視して行われる工業プラントや土木構造物の施工過程に一脈通じ合う形態形成過程である。

　それでは一体，図3-23のような「特徴的」「個性的」な景観の面白さとは具体的に何か。テクノスケープといわゆる"一般的な景観"との違いを検証してみてはどうだろうか。

　しかし"一般的な景観"などというものが本当にあるのかどうか，定かではない。いろいろな景観がそれぞれ個性をもっていることからも，テクノスケープに対する一般的な景観などというものを設定すること自体に無理があるかも知れない。しかし，文献を調べてみたところ「古典的景観論」という考え方が提唱されていた。これは日本における景観工学の草分けとして知られる中村良夫教授により1984年に発表された論文[3]である。ここに書かれている「古典的景観論の特徴」にテクノスケープを照らし合わせてみると，両者の間に決定的な相違があることに気がつく。

　古典景観と比べ，テクノスケープに顕著な特性として，以下の4項目が挙げられる。

（1）低い視点での図と地の非・分極化（反図像性）

　通常，一般の景観は低い視点から眺められた場合，「図（地上にある物体）」と

図3-24 テクノスケープの反図像性
上：山の景観（河口湖）　下：テクノスケープCG
テクノスケープは図と地の境界が入り組み，明確な区別が困難となる

「地（空や海）」がはっきりと分かれる。山の景観などはその典型である。その境界線がなだらかで明快な連続性があるために，その境界線が分ける図と地の相違もまた明快になるのである。

しかし，テクノスケープとなるとこの様子が一変する。図3-24に示したとおり，タワー型構造物などの存在によって「図」と「地」の境界線があまりにも入り組んでしまい，明確な区別ができなくなってしまう。この「図と地の分極化」は景観を考えていく上での最も基本的な概念とされているのだが，テクノスケープとはこんな基本的な"常識"すら成立していない，不可思議な景観なのである。

(2) 重力作用方向の形態秩序の欠如（反重力性）

自然地形をはじめ，私たちの周りに見えている景観を形成する最も基本的な原理は「重力」である。例えば山の形などはバラエティには富むものの基本的には重力が作用してできているし，橋梁なども重力によってかかる力の流れがその形に常にある程度反映される。しかし，テクノスケープの場合はこの"常識"が通

用しない場合が多い。大斜線型構造物や浮遊型構造物とはまさに重力を克服する施設である。このような施設が景観を形成することで，重力の作用方向のもつ形態的秩序が乱されているのである。

(3) 一元的統辞性（取合わせの妙）の非成立（コラージュ）

今までの景観論においては，"取合わせの妙"ということがよく言われていた。例えば，広い海辺に突き出た岬，そしてそこに六角堂などの母屋がひっそりと佇むといったようなものである。これらの取合わせがとても美しく，それが形成する「構図」としての景観を考えていくことが非常に重要だと言われてきた。実際古典的な絵画でもこのようないわゆる「調和構図」が重視されてきたし，天の橋立などの景勝地や日本庭園など私たちの周りにある「美しい景観」もこの原理で成り立っているケースがほとんどである。

しかし，取合わせどころか，一つひとつの物体の輪郭さえはっきりしないテクノスケープは，「取合わせの妙」というこの景観規範があまりにも成立しにくい。簡単にいえば，ゴチャゴチャである。こんな景観は，従来の規範のみで「いいもの」として説明することが難しいとさえいえる。ここでは仮に「コラージュ」ということばで置き換えてみたい。

(4) 不明瞭な遠近感による構造物の遠近的非・序列化

空間を把握する上で，私たちは「遠近法」という方法を取り入れる。例えば，「遠くに位置するものは小さく見える」とか，「遠くに位置するものはテクスチャーがぼやける」といったたぐいの"手掛かり"をもとに遠近感を把握する。しかし，テクノスケープの場合は構造物のスケールがあまりにも大きく，またテクスチャーも単調なものが多い。これによって，遠近感による物の前後関係を判断することがとても難しくなる。言い換えれば，「物の遠近的序列化」が発生しにくくなるのである。

テクノスケープというのは従来"常識"とされてきた景観的原則，あるいは規範をもってはうまく説明できない側面がある，ということがご理解いただけると思う。ここではやや専門的な議論をしてしまったが，単に「風変わりだ」「へんてこだ」という感覚でテクノスケープをご覧になっていた読者の方に，専門的見地から見てもいかにテクノスケープが個性的な景観であるかということについて，その一端だけでも理解していただきたかったのである。しかし，だからとい

ってテクノスケープが排除すべき異端児であるとは思えない。事実，これを「面白い景観だ」と感じる人が少ないわけでもない。これはこれで「面白い景観」の一つとなる可能性は決してゼロではないのである。

　では，この「不思議な景観」をどのように「面白いもの」として捉えていけばいいのだろうか。テクノスケープの何が「美」となりうるのであろうか。これは筆者がテクノスケープ研究を始める直接のきっかけとなった根源的な問題である。次章でそれを考えてみたい。

[第3章　参考文献]
1) 板橋秀一『知識・知能と情報：脳のはたらきと情報処理』近代科学社，1992
2) 姜榮祚「韓国における地形の相貌現象に関する研究」東京工業大学博士論文，1994
3) 中村良夫「大地の低視点透視像の景観論的特質について」(社)土木学会土木計画学研究論文集，1984

第4章

景観異化の方法

　前章までは，テクノスケープのイメージ変遷における各事例から「景観異化」という現象が生起していることを把握し，その発生（転換）ダイナミズムのパターンをいくつか示した．これらは時間の経過とともにいわば「自然発生的」に現れた現象であったが，果たしてこの「異化」の面白さを意図的に発生させる方法はないのだろうか．つまり，デザインによって景観異化の面白さを創り上げることができないだろうか．

　少し脱線するが，景観異化というのは極めて解釈者主体の論理であると言える．景観の評価そのものにも言えることなのだが，「これは異化だからよく，これは異化が半端だからダメだ」などという明確な指標や境界線があるわけではない．極端な話，Aさんにとってはよい景観であっても，Bさんにとっては嫌な景観となりうるし，その逆も然りである．「僕はこの景観が嫌いだ」ということと，「この景観は社会的に間違っている」ということにはあまりにも大きな差があることには十分留意したい．前者を後者として履き違えているケースが多々あることにとても大きな危機感を感じているのは，決して筆者だけではないだろう．実際筆者も，根拠のない自分の内面発露のみで価値を提唱することには限界を感じている．これは芸術的プロセスとしてはすばらしいが，工学とは言いがたい．「工学」の概念を拡張して強引にそれが言えたとしても，結果として専門家以外の人々にそっぽを向かれてしまいかねない．

　この章で扱う「景観異化」の美学も，その実務的援用が即，社会的な意味をもちうるか否かについては注意を要する．ただし，先人たちが築き上げた美学を「景観」の世界に当てはめ，より面白い景観を形成していくためのボキャブラリーを増やすこと自体には意義があろう．景観工学者が新たな美学を一からつくり上げることはできないとしても，既存の美学を実務や景観の実体験に応用することは可能である．景観工学とは応用美学であり，大衆の嗜好を視野に入れた社会的美学の探求にも真髄の1つがあると筆者は認識している．

　ここでは「異化」の先行事例として，過去の芸術，言語学などにみられる「異

化」の系譜を分類・整理し，詩的言語論やキュビズム，ミニマルアート，ランドアート，および枯山水・露地庭園などの美術史をもとに，景観異化の理論モデルを構築することを試みる．

4.1 文学における異化

4.1.1 自動化と異化作用

「異化」という概念が最も早く登場するのは文学の世界である．異化の原語が"ostranenie"（オストラネニー）というロシア語であることからもわかるように，これを最初に提示したのはヴィクトール・シュクロフスキーというロシアの文芸批評家であった．シュクロフスキーは1910～20年代に「ロシア・フォルマリズム」という文学批評の方法に関する理論を打ち出した．ロシア・フォルマリズムは「社会背景や心理から自立した言語世界として作品を捉え，その手法・形態・構造を明らかにしようと試みる」考え方とされている．これだけでは少しわかりにくいが，要するに「言語には言語自体の美しさがある」という主張と考えればよい．例えば「花」という言語には，それが示す美しい事物のほかに，[hana]という響きそのものにも美しさがあるのではないか，という考え方である．

ちなみにロシア・フォルマリズムに関しては既にいくつか著作が出ているが，どれも極めて難解で，中には何度読んでも意味がまったく掴めないようなものまである．筆者もこの分野の本をいろいろ探し回ってみたのだが，現代作家の筒井康隆氏による『文学部唯野教授』（岩波現代文庫，1990）が筆者には最もわかりやすかった．この本を読めばおおよそのイメージはつかめる．

シュクロフスキーによれば，異化とは「日常的な事物の組合せの中において生気を失っている事物（これを「自動化された事物」と呼ぶ）が，新たな組合せの中で生気を取り戻すこと」と定義されている．つまり，異化とは，日常的に慣れ親しみすぎて「元気がなくなってしまった言葉」に改めてパワーを与える方法，すなわち"言語の蘇生手段"ということのようだ．

彼が1914年に発表した「ことばの復活」という文章を見てみたい．

今日，古い芸術は既に息絶え，一方，新しい芸術はまだ生み落とされていない。事物は死に絶え，僕らは世界に対する感受性を失った。弓と弦の感覚を忘れたヴァイオリニストのようになりはてた僕らは，日常生活の中で芸術家たることをやめてしまった。僕らは住み慣れた家や着古した服を好まず，感受できない生活といともたやすく縁を切るのだ。ただ新しい芸術形式の創造だけが，世界に対する人々の感受性を回復させ事物を復活させて，ペシミズムにとどめを刺しうるのだ。

「自動化」とは，例えば第3章の東京タワーのイメージ分析で得られた「存在感の低下と周囲への埋没」などのような，「同化の飽和状態」として位置づけることができよう。慣れ親しんだのはいいが，それが行き過ぎて新鮮さや張合いを失ってしまう状態である。最初は真新しくても次第に飽きてしまい，しまいには認識されることすらなくなってしまうのである。これではあまりにも残念なので，「異化」という方法によってこれを再活性化しようというのが目標である。

4.1.2　メッセージの美的機能：詩的言語論
(1)　自己目的化するメッセージ

そもそも，言葉を再活性化するということ，言葉が新しく粋な響きをもつということはどういうことであろうか。このようなことは「詩」の世界で重視される。詩は単に言葉を並べてものを伝えるだけではなく，限られた字数の中で言葉に限りない深みと力を与えようとするものである。しかし，これは何も詩の世界だけに限定される話でもない。私たちは日常会話の中でも言葉をいかに効果的に使うかを模索するし，そのために脚色したり工夫したりもする。重要な人物に大切な内容を伝えるときなどは，誰もが言葉の"演出"に気を遣うに違いない。

日常・非日常を問わず，メッセージの内容を扱う学問に「記号学」という分野がある。この分野はかなり奥深いが，記号学を援用することによってそれまで漠然と説明されていたものが非常に明快に整理されることが多い。記号学については今でこそ世界中で数多くの著書が出ていて内容も豊富だが，1960年代末にそれを「景観の捉え方」の解明ツールとして援用を試みた先述の中村良夫教授によって，単によい，悪いといった不毛な議論ではなく，景観の捉え方を論理的に説明するためのツールとして記号学が力を発揮していったのである。景観工学をあくまでそれを受信する側の立場で議論するなら，受信者がモノを見るなり聞くなりして感動する，ということについては，有形・無形という相異がさほど意味をもたないのである。つまり，受信者にとっての景観とは言葉同様，一種のメッセージなのだ。

「景観異化」という概念に関連して，記号学において議論されている「メッセージの美的作用／言葉の異化作用」というものがたいへん参考になる。これは記号学や文学の中でも特に「詩的言語論」と呼ばれているものである。

「美的機能」とは，一種の「言葉遊び」とでもいうべき機能である。これが用いられるとき，詩的な味わいを多く含んだ「趣」のようなものを受信者に与えることが可能となる。ここではメッセージの意味を伝えるというよりもむしろ，それをいかに伝えるかという点に主眼が置かれている。メッセージを出すこと自体が「自己目的化」しているのである。

これは，20世紀初頭の画家が，単に主体と客体を結ぶ「連絡路」に止まることを拒み，画面構成などによる絵画自身の自己主張を始めたプロセスにも非常に似ている。これについては後で触れることとしたい。

(2) 言語異化の方法：「曖昧さ」と「コードの対立」

メッセージが美的機能を発するとは具体的にどういうことか，また，その条件とは一体何か，これを追求することこそがまさしく「詩的言語の創作論」であり，それを景観に類型論的に当てはめることができれば「趣のある景観の創作論」に少しばかり足を踏み入れることができる。

そこで詩的言語論の文献を紐解いてみると，かなり興味深いことが書かれている。メッセージが美的機能を発揮する条件として，「異種コードの対立による重層的意味作用の発現」というものがあるという。これは「曖昧さ」とも呼ばれているものであり，これが言語異化の重要な一条件だというのだ。

池上嘉彦[2]の挙げている例がわかりやすい。例えばここに，

美シイ瞳ノ咲ク道

という一文がある。これを直接的に理解しようとすると，「道端に美しい瞳がポロポロと落ちている」という恐ろしい意味になるが，誰もそんな情景を想像したりはしない。おそらくこの道沿いには美しい瞳をした子どもたちがたくさんいて，その瞳を「花」に見立てて「咲く」と表現した，などと思うのが自然である。そしてその「瞳」と「花」の比喩に，詩的な趣を感じ取ることができる。

これが「隠喩」と呼ばれるものであるが，ここには前述の「異種コードの対立」が成立している。つまり，「花」の比喩としての『瞳』と，「美しい瞳の子どもたちがいる」の比喩としての『咲く』という2つのコードの対立である。これによ

って，「花が咲いている」という状況と「美しい瞳の子どもたちがいる」という2つの現象がオーバーラップ（重層）するのである。そしてさらには，これらの2つの現象の意味内容は単独で存在するときよりも「曖昧」になり，それが何かしら趣なり風韻じみたものを私たちに感じさせてくれているのである。

　これは，日本の伝統的な言葉遊びである俳句や短歌にも見ることができる。「掛詞」がそれである。『古今和歌集巻第四「秋上」』にこんな歌がある。

秋の野に人まつ蟲の聲すなり我かとゆきていざとぶらはむ

　意味は「秋の野で，人を待つ松虫の声が聞こえる。この私を待っているのか，さあ行って尋ねてみよう」という何ともロマンチックなものだ。この中では当然「人待つ」の「まつ」と，「松虫」の「まつ」が掛詞となっている。待つことと松虫は全然関係のないものであるが，これらの意味が「マツ」という音をもつメッセージに重層しているのである。これによって「マツ」の意味する内容は流動的となり，味わいが引き出されていることは言うまでもない。いわば「対象変歪型」の異化と言える。

　言語の異化作用発現の条件にはもう1つある。「異種コードの対立による緊張関係の発現」というものである。前出の池上が例示しているが，例えば『ガリバー旅行記』の中で表現されている「小人の目を通じた美女の肌の醜さ」などがそれに該当する。美女の肌とは通常「美しいもの」と認識されているが，小人の目という非日常的・非現実的な近接視点場から眺めることによって，今までの認識とはまったく異なったものに見えてしまうわけである。つまりこれは，「小人」という非現実的なコードと現実世界とのコード対立に起因する緊張関係による異化作用であるといえる。この場合，美女の肌を「非現実世界」という不思議なコ

「曖昧さ」の創出　　　　　　　　　コード対立

対象変歪型　　　　　　　　　　　コンテクスト変歪型
（例）美しい瞳の咲く道　　　　　（例）小人の目を通じた
　　　　　　　　　　　　　　　　　　美女の肌の醜さ

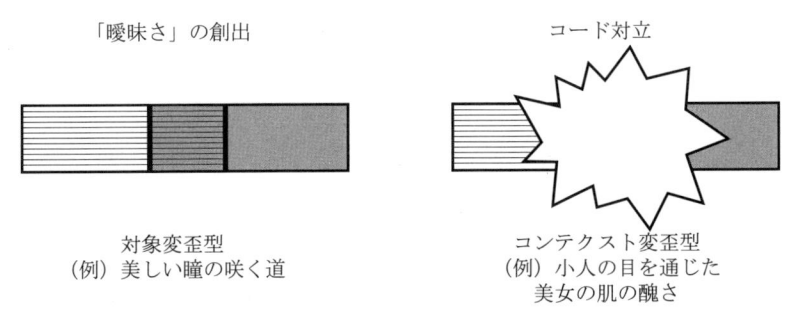

図4-1　言語異化の発生概念図

ンテクスト（文脈）で見つめていることにもなるので，「コンテクスト変歪型」の異化であると捉えることもできよう。

以上，2つの異化発生プロセスを概念図にまとめると，図4-1のようになる。

ただし，このことを探求することには1つだけ大きな限界があることも留意しておきたい。つまり，図4-1に挙げた2つの条件は「異化」を発生させ面白い表現をつくるための必要条件にすぎず，条件が成り立ちさえすれば必ず異化作用が発生する，というわけではないことだ。これはいわば「修辞論（レトリック論）」の限界でもある。例えば，ものを人に効果的に伝えるレトリックとして広く「起承転結」というのが知られている。漢詩をはじめ，名文と言われている文章や物語なども「起承転結」の構造をもっていることが確かに多い。しかし，「起承転結」という構造を取り入れたからといって，必ずそれが名文になるとはいえないのと同様で，異化を使えば何でも面白くなるという保証はない。一方でレトリックに価値はないかというとそれも違う。実際，レトリック論が詩情創出の手掛かりとして役立つことについては論を俟たない。景観，特にテクノスケープを面白いものにするための手掛かりとして，「景観異化」が使えそうだ，というわけである。

異化作用は，メッセージの構成形態や，提示される内容の必然性に大きく左右されるものである。異化そのものが直感的なものであるだけに，その発生メカニズムを理論的に規定することは文学の世界でもたいへん困難なこととされている。ここでは既存芸術を素材に景観異化の発現条件を類型論的にあてはめ，テクノスケープの新しい美的解釈の可能性を，面白いテクノスケープ形成の手がかりとして提示することとしたい。

4.2 美術史にみる景観異化

絵画，文学，音楽，庭園など，ジャンルは異なっていても当然ながら「異化」をはじめとする美学的な価値の内容には共通するものがある。例えば，「牧歌的な美しさ」という美学であれば，それが絵画や文学，音楽であってもその味わいには共通する雰囲気があることは想像しやすい。そしてそれを「景観」の解釈や設計に応用することも可能であるし，実際にも牧歌的な景観設計が英国の風景庭園などで18世紀から既に行われている。

「美学と景観は違うものだから，景観を考える上で美学を参照するのは危険だ」とか「芸術はフィクションだから，景観設計実務には役に立たない」という意見

を聞くことがある。筆者も美学を曲がりなりにも勉強してみるまでは，このような考えをもっていた。美学とは所詮文化人の遊びごとにすぎず，そんな能天気なフィクションを現実世界にもちこむことは困難であり，景観工学と美学は切り離して考えるべきだ，と漠然と感じていたのである。

たしかに，美学は景観工学とは異なり，その目的は社会貢献そのものからはやや乖離していることも確かである。美学は，「美の本質や諸形態を，自然・芸術などの美的現象を対象として経験的あるいは形而上学的に研究する学問」(『大辞林』第二版) とされている通り，人が「美しい」と思うものの特性を探求する分野である。これは哲学そのものである。

鉄道工学や電気工学などの「工学」は一般に，数学や物理学などに基礎をおいていることは言うまでもない。しかし，工学本来の目的が「世のため人のために役立つこと」であるとするならば，工学が応用すべき哲学としてもちうるものが数学や物理学に限定される理由はどこにもない。筆者が景観工学を「応用美学」「社会美学」と位置づけたい理由はまさにここにある。逆に，美学に全く目を向けることなく景観デザインを行うことは，量子力学に全く目を向けることなく原子力発電施設を設計することに等しい。つまり，基礎研究の深い習得なしには応用分野の発展などありえないと考えたい。景観を志す際に美学に全く目を向けないことは，大きなヒントをみすみす看過していることにもなりかねない。美学を探求することで，景観工学に新たな展望がみえてくる可能性もあるだろう。

ここでは，美術史において比較的明快に"景観異化"を説明する例として，西洋美術のキュビズム，ミニマルアート，ランドアート，さらに日本の枯山水庭園における理念を概観し，景観異化の効果に着目しながら異化の創出手法や内容を分類，整理してみたい。

4.2.1 キュビズムにみる異化

文学界で「異化」が唱えられはじめたのは先述のように20世紀初頭であったが，絵画の世界でもこの同時期に似たような動きが見られた。ポール・セザンヌにはじまり，ジョルジュ・ブラックやパブロ・ピカソに代表される「キュビズム (cubism，立体主義)」がそれである。

近代・現代美術に関する文献を紐解くと，必ずといっていいほどキュビズムから話が始まっている。キュビズムが"最も本格的な革新的芸術"であったといわれている所以である。キュビズムとはその名が示す通り，無数の"cube (立方体)"の配置によって，目の前に見えているものをいったん解体し，それを再統合して

表現する考え方である。実際セザンヌは「自然を円錐と円筒と球体によって扱いたい」という言葉を残している。

では，そもそもキュビストと呼ばれる画家たちはなぜわざわざこのような手の込んだ絵画表現を用いたのであろうか。キュビズムに関しては既に数多くの著書が出版されているので各論は他書に譲るが，ここでは高階秀爾[3]の洞察がわかりやすいので紹介したい。つまり，「キュビズムは造形的探求に主眼をおきたかった」ということである。絵画を通じて画家が従来表現してきた事象が「感傷的な文学性」「画家の内面世界」といった意味内容に偏ってきたことに対するアンチテーゼ（反論）であったというのだ。キュビストたちは，絵画に描かれた対象の意味する内容（形而上学）をあえて放棄し，「解体」という自分たちのつくり出した新しい手法によって表現したのである。

しかし，このような既存美学の破壊行為だけがキュビズムの目的であったとは言いがたい。ブラックが述べているように，このような解体行為によって「感覚はデフォルメ（歪）し，精神はフォルメ（形成）される」ことを目指していたのである。究極の目的は「精神形成（フォルメ）」であり，それは「新たに感動すること」に他ならなかったはずである。要するに，これは新しい価値をつくり上げたい，という"創作行為"であったのである。この美学は，新しい景観の創作行為にも部分的にヒントを与える可能性がある。キーワードはもちろん，「異化」である。

以下では，景観（「描写対象」と呼ぶほうが正しいかも知れない）の"異化"を実現するためにキュビズム画家たちが試みた内容について少し詳しく見てみたい。

(1) 単純化（抽象化）

キュビズム第一の特徴は，丸とか四角などのように単純で抽象的な幾何学的形態を積極的に採用したことにある。キュビストはそのような形の中に，「革新と霊感の原動力」を見出し，高い精神性を表現したのである。「丸とか四角が高い精神性をもつ」ということ自体，あまりぴんと来ない読者の方も多いかも知れないが，例えば私たちの知っている神社や寺院にある「ご神体」を想像してみるとわかりやすい。信仰の対象であり，必然的に「高い精神性」が求められるご神体には岩や玉，丸い鏡などのように単純な形をしたものが多い。その理由までここで考えることはできないが，単純形態のもつ潜在力の一端を想像することができる。

図4-2 フェルナン・レジェ "Leisure Homage to Louis David"(1948〜49)

図4-3 ポール・セザンヌ「サント・ヴィクトワール山」(1900)

　図4-2は20世紀の代表的なキュビストの一人，フェルナン・レジェ(1881〜1955)による "Leisure Homage to Louis David" という作品である。レジェの絵はどこかしらユーモラスで，筆者はキュビズム画家の中では最も贔屓でもある。
　もともと建築家であったレジェはパリでキュビズム運動に加わり，主に機械をモチーフとして抽象的に画面を構成する絵を描いた。彼の絵が「機械時代のプリミティーフ（初源）」と呼ばれたことからもわかるように，絵の中に描かれている人々の腕や周辺の情景が円筒や球などの機械的な単純形態の組合せによって表現されている。
　このように各具象形態を単純化することで，元の対象の意味は当然ながら変歪

する。レジェの場合はまだ人体だと認識できる程度の変歪だが，それはもはや生の人体を表現したものではなくなっている。その描かれた対象は，ある種異様ともいえる不思議な雰囲気を獲得することになるのである。

(2) 反遠近構図

　キュビズムのもう1つの大きな特徴は，15世紀以降絵画の規範とされていた「遠近法」を徹底的に放棄したことにあった。「対象を見えたままリアルに描く」ということが規範とされていた時代にあって，これだけでもたいへん大きな革命的試みであったようである。

　フランスの後期印象派画家として知られるポール・セザンヌ (Paul Cezanne, 1839〜1906) が20世紀初めに発表した代表作に「サント・ヴィクトワール山 (Mont Sainte-Victoire)」(図4-3) がある。わかりにくいかも知れないが，何かこの絵は不思議な感じがしないであろうか。色合いも独特なのだが，何よりも絵全体が1つの視点ではなく複数の視点から描かれていることがたいへん特徴的である。つまり，「奥行き」の感覚が弱められ，絵画全体が「遠近感」を喪失しているのである。

　後にキュビズムの先導的な画家となるピカソやブラックも，セザンヌのこの作品に非常に大きな影響を受けたと言われており，彼らによって同様の試みが数多くなされている。美術史ではこの時代 (1907〜1909年) は"キュビズム初段階"と呼ばれている。

(3) デフォルメ

　さらにキュビズムの画家たちは，その"第2段階"と呼ばれる時期 (1909〜1911年) において「分析的キュビズム」という試みを行った。ここでは，デフォルメ (歪形)，つまりもとの形そのものを歪ませることによって，イリュージョニズム (対象の具象性，現実性) を捨て去ることが試みられている。つまり，対象をバラバラにしてしまうのである。

　例えば，前述のキュビズムのリーダー的存在であったジョルジュ・ブラック (Georges Braque, 1882〜1963) の代表作「ピアノとマンドリン (Piano and Mandola)」(図4-4) では，もともとそこに見えていたはずのピアノとマンドリンがデフォルメされ，観る側にとって画像の中に感情移入することが非常に困難になっている。この絵にじっと目を凝らすと確かにマンドリンのかけららしきものが見られるが，"楽器の像"を直観することはあまりにも難しい。その結果，わ

図4-4　ジョルジュ・ブラック「ピアノとマンドリン」(1910)

れわれにとって絵の主題の把握やその客体化が非常に困難となってしまうのである。この絵から何を連想すればよいのかすらわからなくなり，結局投影できる意味は「無」「空漠」となってしまう。これは先に述べた「意味の曖昧化による異化」に通ずる美意識であるといえよう。

　この「意味の空漠化」は実はかなり奥が深く，さまざまな議論が展開しうるのである。「ピアノとマンドリン」という具象がデフォルメされれば当然，対象は抽象に近づく。そして抽象とはわれわれに具象の連想を困難にさせる。具象の連想が困難になることでかえって絵に不快感を抱いてしまう可能性もあるが，そこには芸術作品の「面白さ」が内包されている。

　例えば，ピアノの具体的な形（これを「具象」と呼ぶ）をそのまま見せられた私たちは「快い音」「音楽」「ピアニストの西村由紀江」などピアノに関連する連想をたやすく行うことができる。しかし，これはある意味で連想の"限定"をも表す。つまり，ピアノの具象から"虎"や"海"といった全く異なったものを連想することはことごとく拒否されてしまうのである。

　では，これが抽象となるとどうだろうか。これは先に述べたように「特定の具象の連想を困難にさせる」反面，「連想の限定を"解放"する」ということも意味する。例えば，「真四角」という抽象的な形態を見て，私たちは特定の具象を固定することが困難になるかわりに，「豆腐」「カード」「電車」などさまざまな具象を自由に当てはめることが可能となるのである。

この現象について、美学者カーンワイラーは「鑑賞者自身が具象を割り当てることに意義がある」と述べている[4]。そしてこれは後で述べるように、わが国の枯山水庭園における「自力的解釈」の理念にも通ずる興味深い考え方なのである。

つまりデフォルメは、連想に自由度を与える操作であるとも言える。

(4) 二元対峙・コラージュ

キュビズムには、性格の異なるものを並置し、それが形成する「複合的視覚像」の醸し出す「緊張感覚」を引き出すものがある。その例として、キュビズムの影響を強く受けたといわれている近代芸術家・牛島憲之の作品「タンクの道」(図4-5) を挙げてみたい。この絵の中では、タンク群のもつ直線・曲線という「幾何学的な線」が卓越しているが、その中に1本だけ樹木が描かれている。この1本の樹木の存在によって、この絵の面白さが倍増している。つまり、「幾何学的な線」と「木のもつランダムな線」という異なった種類の形態が対峙することによって、特異な面白さを引き出しているのである。

実際、牛島は生前この自作について、「方形や三角形などの幾何学的な線の採用によって、道や人、樹木の曲線が生きる」と述べている。このように自分の目指した美学について直接解説してくれる画家は少数派であるだけに、印象的な言葉である。さらに牛島は京浜工業地帯を「造形の宝庫」と呼び、京浜工業地帯内に点在するタンクやクレーン、水門などを題材とした数多くの傑作を残した。近代日本を代表する最も前衛的な「テクノスケープ画家」と称しておきたい。

図4-5 牛島憲之「タンクの道」(1955)

これとたいへん似た考え方で,「デペイズマンの美学」というものがある。一般に芸術論では,この美学はルネ・マグリット (1898～1967) やサルヴァドール・ダリ (1904～1989) ら後のシュールレアリスムの画家やマン・レイ (1890～1976) らの写真家によって確立されたものとされている。「デペイズマン (depaysement)」とは「転位」の意味のフランス語である。例えば「リンゴとネジ」を並置して「日常世界とは次元がずれた別な世界」を表現した写真家マン・レイの作品[5]や,フランスの詩人ロートレアモンの「解剖台の上でのミシンとコウモリ傘との偶然の出会いの美しさ」という表現に見られるように,全く関係のないものどうしを並べることによって,それぞれ単独では成立しえなかったような新しい面白さを引き出す方法である。

一方,キュビズム第3段階の「総合的キュビズム(コラージュキュビズム)」(1911～1916年) においては,「パピエ・コレ」といって,手紙,テキスト,数字,おが屑,紙片,吸殻などさまざまな現物のディテールを画面に並べて貼り付ける芸術が制作された。コラージュ芸術の醸し出す面白さについては,ヤニッキー[6]が「相互テキスト性」という理論を援用して明らかにしているのをはじめ,さまざまな観点から議論が展開されている。コラージュ画家シュヴィッタース (1887～1948) は,自らの作品について「美術作品は,そこに含まれる要素を芸術的に評価することから生まれる」と述べているが,異物が共存することによる各事物の芸術性を指摘した興味深い考え方といえるであろう。

また,この三次元版というべき「アッサンブラージュ」の手法 (1950年代以降～:図4-6) にも,「接着や溶接など,接合したり組み合わせたりする技術を駆使

図4-6　クルト・シュヴィッタース「メルツ絵画-A-精神病医」(1919)

して，非芸術的な物体や素材を彫刻作品へと転換する」ことが行われている[7]。本書ではこれらのコラージュ芸術も，それぞれ異なった性格のものを対峙させることによる，「緊張感覚」を伴った異化の美学の一例として挙げておきたい。

4.2.2 ミニマルアートにみる異化

　ミニマルアートとは，1960年代のアメリカで展開した一連の芸術運動で，その後のコンセプチュアルアートや，後に取り上げるランドアートにも多大な影響を与えたといわれている。このアートの性格は多岐にわたるため，"ミニマルアートとは何か"について明確に規定することは意外と難しいが，早見堯の定義はその性格をかなり明確に指摘している。氏によれば，ミニマルアートとは「演繹的で決定論的な方法での，同じ単位の繰り返しに示されているような，構造や形態での還元性に特徴をもつアート」ということになる[8]。

　つまりミニマルアートとは，ものの形，素材，配列秩序，その置かれた空間の感覚などを楽しむアートであるといえるのである。

　筆者もミニマルアートには大きな関心があり，これまでもいろいろな作品を見てきた。日本ではミニマルアートのみを集めた展覧会は少なかったが，2001年に千葉市美術館，京都国立近代美術館などで行われた「ミニマル／マキシマル日本展」は記憶に新しい。この展覧会にはドナルド・ジャッド，カール・アンドレ，ソル・ルウィット，ダニエル・ビュランなどの錚々たる内外アーティストが出展していたが，同展のチラシに興味深いことが書かれていたので引用したい。

> 美術が成立する最小限（ミニマル）の要件を探求する一群の作家たちが誕生しました。……単純な形態がはらむ豊かな視覚体験，作品と見る人との関係，作品と置かれた場との関係，ミニマル・アートが提起したこれらの問題はそれ以後の美術に決定的な影響を与えます。不必要な要素を切り詰めたシンプルで明快な形態は……

　つまり，ミニマルアートとは「不必要な要素を切り詰める」というプロセスを経た結果，「シンプルで明快な形態」が生じ，さらにその結果，「豊かな視覚体験」「作品と見る人との関係」「作品と置かれた場との関係」といったさまざまなことを見る側に考えさせてくれるアートということになる。読者の方に，本書に掲載したいくつかの作品からこのような"味わい"を感じ取っていただければ幸いである。ミニマルアートや後述のランドアート，枯山水庭園などはやはりスケール感や素材感という現場での感覚があまりにも強烈であるので，是非美術館や常設展示場（例えば，東京都立川市「ファーレ立川」など）に足を運んでみていただ

きたい。これはテクノスケープにもいえることである。
　ミニマルアートの"味わい"の源となっていると思われる特徴について，以下で詳しく見てみよう。

(1) 単純化（抽象化）

　キュビズムにおいて，円とか四角など単純で抽象的な幾何学的形態が多用されたことは述べたが，ミニマルアートにおいてもこの性格は継承されている。ただし，キュビズムが人の腕や果物などの「具象」を円筒や四角形に単純"化"したのに対し，ミニマルアートでは最初から単純形態を用いて作品の構築が行われている点が特徴的である。これは20世紀初頭にロシアを中心とする地域で興った「構成主義」とも少し似ているが，ミニマルアートはこの構成主義の流れを引くものであるとも言われている。
　このように，"抽象形態が構築される"ことによって，先のキュビズム同様，その形態のもつ意味内容は空虚なものになる。これについて美術界では「記憶像（イリュージョニズム）の排除」という言葉でしばしば説明されている。つまり，そこに具体的な意味内容やストーリーを与えることが困難になるのである。
　ドナルド・ジャッド（Donald Judd, 1928～1994）の作品はその典型といえよう（図4-7）。ジャッドの作品にはこのように単純な四角形を並べるだけのものが多い。「これが果たして芸術なのだろうか？」と感じてしまうものだが，現地に行ってこの作品に直接触れてみると，この上ない"味わい"を感じることができる。単純な四角形の箱が整然と（実はジャッド特有の「比」をもっているのだが）

図4-7　ドナルド・ジャッド "Wall Sculpture"（1994）

140

並べられていることだけによって醸し出されるとてつもない芸術的感覚を体感できる。

ちなみにこの"Wall Sculpture"はジャッド作品としては珍しく「街なかの常設展示」となっている。東京都立川市の立川駅周辺の街角に展開する常設のアートプロジェクト「ファーレ立川」に出展されているが，国内でしかもじかに触れることのできる貴重な作品である。

(2) 単純反復

ミニマルアートのもう1つの大きな特徴に，「単純反復」がある。ある構成単位が単純に反復して配列されるものである。

前述のようにミニマルアートにおいては，形，スケール，素材といった基本的要素のみによる"構築"が行われている。その方法の1つとして，同一の単位の繰り返しという極度に抽象的な「法則／リズム」によって対象を配列しているものが多い。例えば，ミニマルアートの代表的な作家であるソル・ルウィット (Sol Lewitt, 1928〜) の作品"Open Cubes"（図4-8）では，巨大スケールでの同じ形の繰り返しにより，「環境のなかでのフォルムや素材の感知の仕方を意識化する」[9] ことが図られている。

それでは一体，ものが単純反復して配列されることにどのような意味なり効果があるのだろうか。大量生産の過程では同一規格の製品が整然と並べられる光景がよく見られる。この美しさを形骸的にアート作品に還元したのがミニマルアートである，という仮説も成り立つかもしれないが，単純反復そのものによるオブ

図4-8 ソル・ルウィット "Open Cubes"（1991）

ザーバーの意味解釈の効果について踏み込んだ文献なり研究は意外と少なかった。

これに関して，筆者はモノを単純反復することによる人の認識への効果を測定する研究を行ってみた。これについては詳細を割愛するが，単純反復による効果は概して，「構成単位の形骸化と反復秩序の強調」「構成単位のもつ記号内容（意味内容）の希薄化」の 2 つにまとめることができた[10]。これもまた先に述べた「意味の空漠化」の一手法として指摘することができるであろう。

4.2.3 ランドアートにみる異化

ランドアート（アースワークスとも呼ばれる）もまた，1960年代のアメリカで誕生した代表的な前衛芸術の 1 つである。そもそも，1960年代のアメリカとはどういうものであったかが 1 つのポイントとなるかも知れない。当時の世相・社会背景に影響を与えていた出来事として最初に挙げられるのは，やはりベトナム戦争であろう。この戦争でアメリカは満足な戦果を収めることができず，さらにはキューバ危機やケネディ大統領暗殺事件なども相次ぎ，アメリカのみならず世界情勢がたいへん不安定になっていた時期であった。厭世的な危機感が募る中で，芸術家たちは不安定な都市生活の悪夢からの脱出を試み，そして，都市から離れた「大地」に人為的な痕跡を印すことを目指した，というのが多くの芸術評論にみるランドアート誕生の背景である。

または，芸術評論家・中原佑介が指摘している[8]ように，作品と体験者の「関連」に注意を喚起したミニマルアートが画廊を脱出し，広大なアメリカの大地に舞台を移したものがランドアートであると捉えることもできる。あるいは，ポップアートなどの商業主義化された既存芸術に対する反発も，ランドアートの特徴の 1 つであったと言われている。実際，ランドアートの巨匠・マイケル・ハイザーも，「作品がギャラリーから脱出することで，アーティストは商業的・実用的感覚をもたずにすむ」と語っている[11]。

その理由や背景はさておき，「都市脱出／画廊脱出」という行為の結果として，ランドアートが屋外に存在することで，ミニマルアートがよりランドスケープに近い芸術へと昇華していることは注目に値するであろう。

ランドアートは根本的にミニマルアートの特徴を継承しており，単純化と単純反復性をもつものが多い。それ以外にも，興味深い景観異化が見られる。これらは大部分が「屋外にあること」に起因する特性であるといえる。

(1) 空洞化

　先述のマイケル・ハイザー（Michael Heizer, 1944～）の代表作,"Double Negative"（図4-9）等に見られるように，ランドアートはしばしば「大地を削り取る」という"負（negative）の作業"によって形作られた「空間／空洞」で形成される。ふつう，"作品"といえば少なくとも円筒や直方体，球などの"物体"を考えてしまうが，ここでは逆に大地を削られた結果でき上がった空間が「作品」なのである。これは「作品」というものの従来の考え方に対するたいへん大胆かつユニークな発想の転換といえないだろうか。このような発想の転換が可能となった背景としても，やはりギャラリーを飛び出し，「刻まれる」べき大地にその新天地を求めたことが大きな意味をもつに至ったに違いない。

　バーズレイによれば，この"Double Negative"では「長方形に切り取られた紺碧の空」が作品であり，それは空間自体で形成された"空（カラ, vacant）"であり，スケールの上ではマッシブでも，触れることさえできないことがこの作品の持ち味であると評されている[12]。

　こんな「空洞」に対し，私たちが普段身の回りにある事象を投影することはたいへん難しい。カラの空間は「図」となりにくいのだ。つまり，作品自体に対して私たちが投影しようと試みる意味内容もまた，極度に空漠化されてしまうのである。

(2) 輪郭破壊

　もう1つのランドアートの興味深い特徴は，巨大なスケール（スーパーヒューマンスケール）をもつことである。例えば同じハイザーの作品"Complex City One"（図4-10）は，比較的大きなひきを伴って眺めてみても"輪郭破壊"を生じてしまうほど巨大な作品である。輪郭が破壊される，ということは，作品自体を「図」として認識する大きな手掛かりの1つを喪失してしまうことを意味する。図になりそこなった作品に残るものは「地模様」としてのテクスチャーや作品の断片のみであり，そこに具体的な意味内容を投影することはとても難しい。つまり，ここでも投影される意味内容が空漠化されてしまうのである。

(3) エフェメラル

　「エフェメラル（ephemeral）」とはあまり聞きなれない言葉かも知れないが，英語で「一過性の」「一時的な」という意味の言葉である。ランドアートの中にはこの"エフェメラル性"をもつものが少なくない。例えば，ランドアートの巨

第4章 景観異化の方法　　*143*

図4-9　マイケル・ハイザー"Double Negative"（1969～70）

図4-10　マイケル・ハイザー"Complex City One"（1972～76）

図4-11　ハーバート・バイヤー"Mill Creek Canyon Earthworks"（1982）

匠,クリストの梱包芸術などは,展示されるのはせいぜい1カ月くらいで,展示後はあとかたもなく作品は消え去ってしまう。

また,同じ"エフェメラル"の性質をもつものでも,「季節」というもっと長いタイムスパンで作品の形が変化するように工夫された興味深い作品も存在する。例えば,米国ワシントン州ケント市にある,ハーバート・バイヤー(Herbert Bayer, 1900〜1986)の"Mill Creek Canyon Earthworks"(図4-11)などである。この作品では,水に浮かぶ「地の輪」が作られているが,これは常に地表に現れているわけではない。ケント市は多雨地帯として有名なシアトル市の近郊にあり,雨季・乾季の雨量の差はたいへん激しい。シアトル市において晩秋から初春にかけて続く雨季のうっとうしさは内外でも有名である。

そして,この「地の輪」は乾季で水量が減少した期間にのみ姿を現す。つまり,うっとうしい雨季の大雨量を逆手にとって芸術作品に仕立てたのである。このように「展示期間限定」「季節限定」の作品がもたらす効果として,作品自体の存在感覚の希薄化が含まれることは言うまでもない。

(4) ぼかし

ランドアートには,ディテールをぼかし,捉えられる景観を大づかみに改変するものが見られる。クリスト(Christ, 1935〜)の一連の梱包芸術(図4-12)は有名だが,梱包の布のテクスチャーで全体が統一されることによって,元の対象のもつテクスチャーはほぼ完全にぼかされてしまう。多様なテクスチャーを喪失した対象の実態を捉えることは当然困難となるし,逆に,対象のもつ形態の輪郭は強調されることも興味深い。

これに関して芸術家アラン・ソンフィストは,包むことの効果として「実質(containment)」「隠蔽(concealment)」「投獄(imprisonment)」「意味解釈の妨害(intervention)」および「曖昧さ(ambiguity)」といったイメージの強調を挙げている[13]。和訳は筆者が施したものなのでいささか言葉足らずかもしれないが,私たちオブザーバーが漠然と感じるイメージがこれらの言葉に端的かつ明快に表現されているといえないだろうか。芸術評論の"工学的"利用価値は決して小さくない。

「ぼかし」は先のキュビズム同様,対象形態のディテールの「単純化」と捉えることもできるだろう。

図4-12 クリスト「ポンヌフの梱包」(1985)　　図4-13 リチャード・ロング「イングランド」(1967)

(5) 垂直フレーミング，平面フレーミング

　もう1つ，茫漠とした風景や空間を特化し異化する，少々手荒い手法として「フレーミング」が挙げられる。文字通り，鉄や木などのフレームによって風景や空間を枠取り，周囲とむりやり切り離してしまうやり方である。これには垂直方向および平面方向の2通りの方法がある。

　例えば，リチャード・ロング（Richard Long, 1945〜）の作品「イングランド」（図4-13）では，典型的なイギリスの風景に対し垂直方向にフレーミングが施されている。これによって，対象（この場合は枠取られた風景）が特化され，周囲のコンテクストから離脱されている。これは周囲のコンテクストを消去・破壊する方法であるといえよう。

　同様に，ロバート・アーウィン（Robert Irwin, 1928〜）の作品（図4-14）では，フェンスにより内部空間が平面方向にフレーミングされている。しかもフレームが半透明のフェンスでできているため，不透明の壁を用いた場合に比べて"平面的にフレームされている"ことがより明快に把握できるようになっている。実際筆者もこの現場に足を運んでみたが，ダウンタウン・シアトルのほぼ中心部に位置しているにもかかわらず，囲われた内部は完全に「異なった世界」に感じられた。実はこの作品を真上から見下ろせる場所に拘置所があるというのも何やら示唆的である。ちなみにアーウィン自身はこの作品について次のように述べている。

ここは，灰色の建築に囲まれた，寂しく，孤立した，敵意に満ちたプラザである。訪れているのは罰金を支払う人々や，2，3階にある刑務所の友人を訪れる人々のみだ。つまりここで最も必要なのは「緑」だと感じた。

この場所が既に周囲から孤立した空間であり，それを敢えて緑を施したフェンスで囲った，ということなのかも知れない。いずれにせよ，囲まれた内部は周辺社会から「断絶」された特異な空間として異化されているといえよう[14]。

(6) 遊離化

フレーミングと同様，周囲のコンテクストから対象を脱却させるもう1つの方法として「遊離化」が挙げられる。これは水平的秩序の卓越する環境の中で，対象に痛烈な垂直秩序を与えることでコンテクストから「遊離化」させる方法である。マリー・ミス（Mary Miss, 1944～）の作品（図4-15）などにこのような性格が読み取れる。

(7) 遠隔立地

さらに，大部分のランドアートがアクセスのほとんど不可能な遠隔地に立地していることも重要な特徴の1つであるといえよう。これは常に日常的コンテクストから逸脱した場所に作品が置かれていることを意味する。第3章でテクノスケープのダイナミズムに「パブリックアクセスによる同化・埋没過程」があったことを考えれば，この「遠隔立地」はパブリックアクセスを敢えて阻止し"同化・埋没"から作品を防御し，異化を維持する手法であるといえる。

(8) 言語テキストの付加

一方，シャー・アーマジャニ（Sian Armajani, 1939～）の作品では，橋や欄干などに直接，詩的内容のテキストを付加するものがみられる。これにより，対象に周囲とは異なる特有の性格をもたせる効果を引き出している（図4-16）。

実際，アーマジャニはロシア構成主義を信奉していたと言われており，創作のツールとしての詩的言語の力を深く認めていたに違いない。大部分のアーティストはそれをランドスケープデザインの手法としてアレンジし景観異化を達成しているが，アーマジャニはそれを直接視覚的に張り付けるという最もストレートで大胆な方法を創り出したといえよう。

第 4 章　景観異化の方法

図4-14　ロバート・アーウィン "9 Places, 9 Fences"（1979）

図4-15　マリー・ミス "South Cove Tower"（1988）

図4-16　シャー・アーマジャニ "NOAA Bridges"（1983）

図4-17 マイケル・ハイザー "Adjacent, Against, Upon"（1976）

(9) 二元対峙

　ランドアートにも，キュビズムのように異なる形態を対峙させることによって緊張感を与えているものがある。キュビズムでは，直線・曲線などの幾何学的形態vs.自然のランダムな形態という二元対峙が見て取れたが，ランドアートでは「自然－人工」というように，より大きなスケールでの二元対峙を演出しているものが多い。

　例えば，マイケル・ハイザーの作品"Adjacent, Against, Upon"（図4-17）においては，次のような3段階スケールでの「自然－人工」の二元対峙が読み取れる[15]。

・背景の自然美（ピュジェットサウンド（海）の自然）vs.人工構造物
・自然石vs.人為的コンポジション
・自然石vs.人工的な直方体のコンクリート台座

　自然－人工の対峙の美学に関して，明確に叙述されているものは多くはないが，三谷は技術風景を「自然に対する絶え間ない人類の挑戦の運命を彷彿させる風景」であるとしている[16]。すなわち，人工と自然の対峙とは，自然への人的介入の視覚化であり，この「人為と自然の干渉現象」によって技術風景は特有の風韻を獲得しているものといえそうである。これと比べてスケールはかなり小さくなるが，スコット・バートン（Scott Burton, 1939～1989）の作品"View Point"（図4-18）においては，石製の椅子の自然面と人工的な直線部分，およびグリッド・セルに自然土が侵入する部分などにより，自然と人工の対峙の緊張感が巧みに演出され

図4-18　スコット・バートン "View Point"（1983）

ている[17]。

「自然－人工」の二元対峙によるオブザーバーの意味解釈現象の特徴を検証する研究を行ったところ，自然－人工の二元形態対峙による解釈の効果として，(1)構成二元の特徴の顕在化，(2)意味の曖昧化，(3)新しい意味の生成，の3点が挙げられている[18]。この詳細については，先の「単純反復」を含めた一連の「テクノスケープ・レトリック論」として他の機会に譲りたい。

(10) コンテクスト置換

異化の手法には「コンテクスト変歪」の手法があったが，ランドアートには対象そのものにはほとんど手を加えず，コンテクストをそっくり交換することで「景観異化」を成立させている豪快なものがある。

前出のリチャード・ハーグによる，アメリカ・シアトル市のユニオン湖北岸にある「ガスワークス・パーク」（図4-19）がそれである。ガスプラントを公園の"彫刻"として利用するため，盛り土を施して有害物を除去したが，その結果ガスプラントの背景コンテクストが「緑」という，従来の工業地帯にはなかった全く新しいテクスチャーで覆われることとなった。これによって既存のガスプラントの存在感覚が一層引き立つと同時に，新たな存在感を獲得しているといえよう。

図4-19　リチャード・ハーグ「ガスワークス・パーク」(1976)

4.2.4　枯山水庭園にみる異化

　前項まで，主に西洋の現代美術にみる景観異化の系譜に着目し，その創出手法を抽出，整理してみた。しかし，これは西洋美術に限定される手法ではない。意外にもわが国の伝統的な「枯山水庭園」のデザインにもこれと似た景観異化を見出すことができる。

　枯山水庭園とは一般に，水の流れや池を白川砂などによって表現した庭園を指す言葉である。主に平安期から室町期にかけてつくられはじめたが，これ以前には池泉回遊式庭園という写実的で貴族向けの庭園が存在していた。回遊式庭園では，近江八景などの名風景をはじめ具体的な実在風景とその意味を再現することが意図されていたのに対し，枯山水庭園ではそのような具体的意味内容の付与に対しむしろ反発するような姿勢がとられている。実際，岩と砂のみで形づくられた形態からは具体的意味内容を見出すことはたやすくない。そして後述するように，この「たやすくない」ということ自体が，枯山水庭園では大きな意味をもつこととなるのである。

　枯山水庭園は禅の思想の影響を強く受けたといわれており，禅には「公案」というたいへん面白い考え方がある。これは，修行者が悟りを開くために研究課題として与えられる問題で，「日常的思想を超越した世界」に修行者を導くものであるといわれている。

　例えば，公案の1つに「隻手の声を聞け」という言葉がある。「隻手」とは「片方の手」という意味である。片方の手だけで拍手などできるはずもないが，その「できるわけがない拍手」の音を聞けというわけである。現代でいえば何ともシュールな，そして何とも無茶な話である。この言葉から私たちは，「おそら

図4-20　慈照寺向月台

く ここでいう『声』とは具体的な拍手の音ではなく，例えば心の声とかもっと別の抽象的なことを意味しているのではないか」などといろいろ思考を重ねることになる。この思考することこそが禅の目標とするプロセスの1つであり，ものの背後にある具体的意味内容を「自力で」解釈しようとするチャレンジの過程に価値を見出そうという姿勢の現れなのである。

　あまりにも大雑把に枯山水の思想を説明したが，この思考過程は何やら前項まで見てきたキュビズムや抽象芸術に共通していないだろうか。僧が「修行をしよう」ということと，画家が「対象と鑑賞者の間に挟まれるだけの窮屈な立場はご免だ」ということとはあまりにもかけ離れているが，いずれも"鑑賞者に主体的にモノを解釈してもらおう"ということが意図されている点では共通するのである。

　これは極論かも知れないが，枯山水庭園とは現在でも最も前衛的で，最も洗練された「ランドアート」の1つと考えられないであろうか。「景観異化」の方法として枯山水庭園が示唆してくれる内容はたいへん豊富である。

(1) 単純化とデフォルメ

　枯山水庭園では，対象が単純形態を帯びているものが多い。その具象的解釈には自由度があり，解釈行為そのものによって景観体験者に強く高い精神を自力で錬磨する機会を与えることが意図されている[19]。これもまた，前述の「公案」の過程と呼ぶことができるであろう。

　慈照寺向月台（図4-20）のように，単純形態の殆どは自然界にある実在の具象から抽出した抽象形態であるが，ディテールは削ぎ落とされ，それぞれの形態が

デフォルメされている。一方，竜安寺石庭（図4-21）のように具象の解釈に大きな自由度が与えられているものもある。

(2) 平面フレーミング

　大仙院方丈南庭（図4-22）や竜安寺石庭など，枯山水庭園は一般に敷地が狭く庭全体が築地塀に囲まれている。この塀は外の世界から庭を切り離し，"内部領域"を明確に規定する境界線となっているといわれている[19]。これによって内部空間そのものが異化し，庭の哲学的な意味や神秘性が強調されているものと考えられる。

図4-21　竜安寺石庭

図4-22　大仙院方丈南庭

(3) 二元対峙・コラージュ

　江戸時代の最も優れた造園家の一人に，小堀遠州がいる。実際は普請奉行，つまり土木技術者でもあり，茶道師範でもあった遠州であるが，彼の残した造形には「景観異化」を扱う上でも非常に参考になるものが少なくない。例えば遠州作の大徳寺塔頭孤篷庵の延段は，禅の世界へのアプローチ路に相応しい強い響きをもつ切石として知られているが，ここには図4-23のように実に興味深い形をした石が置かれている。長い直線の切石面（右側）と，それとは対照的な大小の自然石を巧みに組み合わせた面（左側）の二元を対峙させているのである。これによって，「幾何学的直線（人工）と自然の対峙」の美学が成立している。

　一方，大徳寺真珠庵玄関には，四角形やひし形などの幾何学的なものをはじめ，それぞれ個性的な形態をもつ自然石の飛び石がリズミカルに配置されている。ここでは，全体を１つの規律で調和させるというよりはむしろ，石それぞれの個性が尊重され，その「破調」による美が確立されているものと考えられる[20]。

4.2.5　景観異化手法の総括

　以上，文学における詩的言語論の「言葉の異化」にヒントを得て，４つの芸術から「景観異化」の手法を抽出してみた。これだけではまだあまりハッキリとした思想が見えないので，それぞれの手法を分類整理してみることにしたい。

図4-23　大徳寺塔頭孤篷庵の延段

(1) 対象の形態操作による"意味の組替え"の手法

「単純化」「デフォルメ」「空洞化」「輪郭破壊」「ぼかし」はともに，対象の形態操作によって意味や内容を漠然とさせるものである．このように意味を空漠化させることによって，今までとは全く違った新しい意味が付加される可能性も出てくるわけである．ここでは，これらを「対象の形態操作による意味の組替え」の手法としてまとめてみよう．

(2) 対象の様態操作による"意味の組替え"の手法

これに対し，「エフェメラル化」「単純反復」はともに，対象の形態には直接手を加えず，その様態を操作して異化を生起させる手法といえる．結果的には(1)と同様に，意味の空漠化→新しい意味の付加というプロセスを獲得する可能性をもっている．よってここでは，これらを「様態操作による意味の組替え」の手法としてまとめてみたい．

(3) コンテクストの消去・希薄化の手法

「垂直フレーミング」「平面フレーミング」「遊離化」「言語テキストの付加」「遠隔立地」は，いずれも周囲コンテクストを消去・希薄化させ，対象との繋がりを断ち切る手法としてまとめることができる．フレーミングは内部空間を異化し，その周囲のコンテクストから離脱させるものである．遊離化も，周辺域との秩序相異によるコンテクスト離脱，さらに言語テキスト付加も周囲コンテクストとのつながりをもたない特異な性格を対象に与えることとなる．

(4) 異物混在の手法

「コラージュ」および「二元対峙」は，いずれも異種の複数秩序を対峙ないし混在させることで，コンテクストを変歪させる手法として総括することができる．

さらに，これらの分類は図4-24のように大きく2つのグループにまとめることができる．2種類の「意味の組替え」は，対象そのものを解体する「対象の変歪」のグループであると考えられる．これに対し，「コンテクスト消去」，「異物混在」，「反遠近構図」，「コンテクスト置換」においては，対象の周囲，あるいは近隣のコンテクストを解体・再構築する「コンテクストの変歪」のグループとして位置づけられる．そしてこの2つの大分類は，「言語異化の方法」における2つのパ

```
┌─────〈対象の変歪〉─────┐  ┌────〈コンテクストの変歪〉────┐
│ ┌─────────────────┐ │  │ ┌─────────────────────┐ │
│ │  対象の形態操作による  │ │  │ │   コンテクストの消去・   │ │
│ │    意味の組替え     │ │  │ │      希薄化       │ │
│ │ ┌──────┐ ┌──────┐ │ │  │ │ ┌────────┐┌────────┐ │ │
│ │ │ 単純化 │ │デフォルメ│ │ │  │ │ │垂直フレーミング││平面フレーミング│ │ │
│ │ └──────┘ └──────┘ │ │  │ │ └────────┘└────────┘ │ │
│ │ ┌──────┐ ┌──────┐ │ │  │ │ ┌────────┐┌────────┐ │ │
│ │ │ 空洞化 │ │輪郭破壊│ │ │  │ │ │ 遊離化 ││言語テキストの付加│ │ │
│ │ └──────┘ └──────┘ │ │  │ │ └────────┘└────────┘ │ │
│ │ ┌──────┐          │ │  │ │ ┌────────┐          │ │
│ │ │ ぼかし │          │ │  │ │ │ 遠隔立地│          │ │
│ │ └──────┘          │ │  │ │ └────────┘          │ │
│ └─────────────────┘ │  │ └─────────────────────┘ │
│ ┌─────────────────┐ │  │ ┌──────────┐           │
│ │  対象の様態操作による  │ │  │ │  異物混在  │           │
│ │    意味の組替え     │ │  │ │ ┌────────┐│ ┌────────┐ │
│ │ ┌──────────┐    │ │  │ │ │ コラージュ ││ │反遠近構図│ │
│ │ │  単純反復  │    │ │  │ │ └────────┘│ └────────┘ │
│ │ └──────────┘    │ │  │ │ ┌────────┐│           │
│ │ ┌──────────┐    │ │  │ │ │ 二元対峙 ││           │
│ │ │ エフェメラル化 │    │ │  │ │ └────────┘│           │
│ │ └──────────┘    │ │  │ └──────────┘           │
│ └─────────────────┘ │  │ ┌──────────┐           │
│                     │  │ │コンテクスト置換│           │
│                     │  │ └──────────┘           │
└─────────────────────┘  └─────────────────────────┘
```

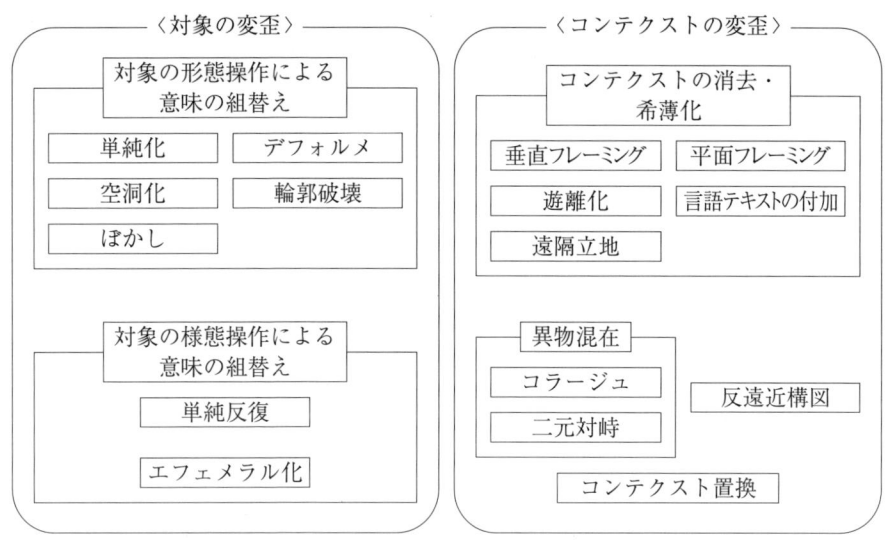

図4-24 景観異化手法の分類整理

ターンに合致していることがわかる。

　詩的言語論と芸術的景観，分野は異なるものの"異化"という手段に共通の手法が見てとれることは興味深い。つまり，ある限られた芸術分野で確立された美学が，理念として他の分野でも援用できる可能性を示唆している。それでは，テクノスケープの分野にもレトリック理論を導入することで，テクノスケープの実体に迫ることができないだろうか。次章ではこの手法によって，引き続きテクノスケープを展望してみたい。

[第4章　参考文献]
1) 桑野隆，大石雅彦編『ロシア・アヴァンギャルド6：フォルマリズム　詩的言語論』国書刊行会，1988
2) 池上嘉彦『記号論への招待』岩波書店，1984
3) 高階秀爾『ブラックとキュビズム』中央公論社，1973
4) D.H.カーンワイラー『キュビズムへの道』鹿島出版会，1970
5) 飯沢耕太郎『写真美術館へようこそ』講談社，1996
6) Andrea Ljahnicky "A Study on Intertextual Semiotic Reading in Human Environment", 東京工業大学学位論文，1998
7) ロバート・アトキンズ『現代美術のキーワード』美術出版社，1993
8) 中原佑介監修『現代美術事典』美術出版社，1984
9) フィリップ・イェナワイン『モダンアートの見かた』美術出版社，1993
10) 岡田昌彰「テクノスケープ・レトリック論としての単純反復景観に関する研究」ラ

ンドスケープ研究vol.63, No.5, 2000
11) Carol Hall "Environmental Artists : Sources and Directions" E.P.Dutton Inc., 1983
12) Jahn Beardsley "Earthworks and beyond" Cross River Press, 1989
13) Alan Sonfist "Art in the Land" E.P.Dutton, Inc., 1983
14) Harret F. Seine "Contemporary Public Sculpture" Oxford University Press, 1992
15) Elizabeth C. Baker "Artworks in the land" Art in the Land, E.P.Dutton Inc., 1983
16) 三谷徹『風景を読む旅』丸善, 1990
17) Patricia Fuller "Five Artists at NOAA" The Real Comet Press, 1985
18) 岡田昌彰, 堀繁「テクノスケープ・レトリック論としての二元対峙景観に関する研究」ランドスケープ研究vol.66, No.5, 2003
19) 早川正夫『日本の美術別巻・庭』平凡社, 1967
20) 中村良夫「ランドスケープ・その軌跡と展望」土と基礎43-1, 土質工学会誌, 1995

第5章

テクノスケープの展望

5.1 テクノスケープの異化

　前章までにまとめた景観異化は芸術家が意図的に創り出してきたものである。一方で，このような美的意図をもたずにむしろ「施工性」「経済性」「構造システム」等に基づいて形成されたテクノスケープは，景観異化の美学を偶発的に獲得しうるという非常に魅力的な特性をもっている。テクノスケープのこうした美学特性を部分的にでもうまく引き出すことができれば，魅力的なテクノスケープをこんどは逆に意図的に創り出すことが可能となるかも知れない。

　このような議論は，そもそも「美の発見」とはいかなるものなのか，というさらに突き詰めた論へと展開する可能性がある。現代のわれわれが建築意匠や環境デザインにおいて当然のものとして認識している「デザイン・ボキャブラリー」の中にも，もともとは機能や安全性，コストなどを追求した結果現れたものが少なくない。このような"偶然に発生した形態"に誰かが「美」を発見し，それがいつしか通念化してデザイン・ボキャブラリーが生まれるのである。例えば，石

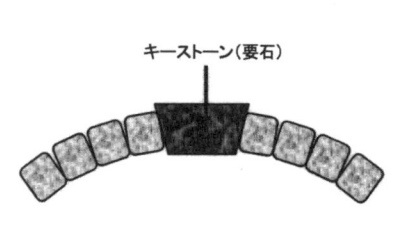

図5-1　キーストーン
構造システムから生起した形（例・天王貯水池）と，その意匠的昇華（例・中島浄水場）

（キーストーン（要石）／天王貯水池（大阪府堺市）／中島浄水場（新潟県長岡市））

造アーチや煉瓦アーチに見られる「キーストーン」などはその典型であろう。図5-1のように"要石"とも呼ばれるキーストーンは，アーチの中で最も大きな圧縮力のかかる頂部位置に置かれているため，通常最も堅固な石にする必要があった。しかしそれがやがてアーチの頂を飾る"装飾"として利用されるようになる。つまりこれは，構造システムの上で偶発的に生起した形が新たな"美の要素"として意匠に昇華された例とでもいえよう。

図5-1の右側に紹介したのは，明治から大正期にかけて建造された日本の近代浄水場の上屋にみる2つのアーチである。明治43年竣工の天王貯水池（大阪府堺市）は煉瓦造であり，アーチ上部にある煉瓦の自重による圧縮力に耐えるための構造体として，キーストーンがその機能を兼ね備えたものとして施されている。それに対し大正15年竣工の中島浄水場（新潟県長岡市）は鉄筋コンクリート造であり，アーチ面から張り出して取り付けられているキーストーンには機能的な意味がない。つまりこれは単なる装飾にすぎない。後者のようなキーストーン風の装飾は，レトロ風につくりあげた現代建築でもよく見られるので，街歩きなどをされる機会があったら一度注意して見てみていただきたい。

以下で列挙するテクノスケープの景観異化の例が果たしてキーストーンのようなデザイン・ボキャブラリーとして実務的効力を直ちに発揮するか否かは定かではないが，前章までの「対象の変歪」「コンテクストの変歪」という2種類の景観異化の重要なポテンシャルとしてここで指摘することとしたい。

5.1.1 対象の操作
（1）単純化とぼかし

工業施設や土木構造物は，通常，コストの最小化や効率の最大化を追求し形態が決定されている。コストを最小化するということは，当然ながら「余計なものをつけない」という発想につながる。その結果，形態からは無駄な部分や細かいディテールが削ぎ落とされる。これは，クリストの作品のように"ディテールをぼかす"ことと同様の過程である。土木構造物のデザインではよく「シンプルな形にするのがいい」などといわれるが，このシンプリシティという"デザイン・ボキャブラリー"もまた，もともとは経済性を追求した結果偶発的に現れた形であるということもできるであろう。

例えば，セメントサイロやガスタンクなどにはその特徴が顕著に現れている。ガスタンクは文字通り「ガスを貯める」ことを目的につくられるが，その際，内部にあるガスの圧力をタンクの壁に万遍なく均一にかからせるのが最も効率的で

図5-2　単純化とぼかし
京浜工業地帯旭運河

ある。もし仮にタンクの壁に一カ所だけ高い圧力がかかる場所ができてしまうと，その部分だけを特別に強くつくる必要が出てきてしまい，面倒である。また，タンクの壁の強度にムラ（不均一性）ができてしまうと，今度は強度の低い場所が特別に壊れやすい危険な箇所となってしまい，これも心配である。このような不必要な手間や心配を克服しようとした結果，タンクの形状はおのずと円柱形，もしくは球形となるのである。球形ならば全ての壁面に万遍なく等しい圧力がかかるということは，直観的にもご理解いただけると思う。そして外壁から無駄な部分が削ぎ落とされれば，このように機能から生まれた幾何学形が現出するのである。

　レジェやピカソが「異化」という美の創作行為として生み出したのと同様の形態が，全くそれとは異なる目的をもつ作業プロセスからも生じているのである。こう考えると，技術という行為がいかに美を生み出す可能性をもっているか，そして技術と芸術が同値ではなくともいかに密接な関連をもちうるものであるか，興味深く感じられるのではないだろうか。美を創作するということと，技術によって工学的な目的を達成する，ということの偶然の協奏とオーバーラップ，これこそがテクノスケープの最も魅力的な醍醐味でもある（図5-2）。

　ほかの例も考えてみたい。

(2) 空洞化

　筆者が土木構造物を設計する会社に勤めていたときに，「部材効率」という非常に興味深い言葉を知った。一般の人にはあまり聞きなれない言葉かも知れない

が，内容はいたって単純である。

例えば「コンクリートのけた橋よりも，鋼製のトラス橋の方が部材効率がいい」という言い方をする。つまり，部材効率をフルに活用した構造体こそがトラスである，ということである。最も単純なケースを仮定しよう。図5-3のように1枚のコンクリートの梁に上から荷重がかかったとする。橋の上にダンプカーが通ったり，あるいは橋自体の重さがかかる，と考えてもいい。そのような場合，コンクリート梁は上から荷重がかかることによって「たわもう」とする。その結果，板の上の部分では圧縮力が，そして下の部分では引張力が発生することになるが，板の真中のあたり（これを一般に「中立軸」と呼ぶ）には実は力は発生しない。

つまり，発生する引張力や圧縮力の大きさが場所によって違っているのである。当然，大きな引張力や圧縮力のかかる部分は弱い部分となり，壊れるときもそこが危ない。実際コンクリートは引張力にとても弱いので，最も大きな引張力のかかる底の部分に鉄筋やPC鋼線を入れて補強する必要があるほどである。中立軸のまわりのコンクリートは，実はさほど大きな役目は果たしてはいないのである。

これに対し，「トラス」はどうだろうか。

図5-4のように，トラスのフランジ（上と下の板のような部分）に上から荷重がかかった場合，上フランジには圧縮力が，そして下フランジには引張力が発生する。つまりこの場合，大きな力のかからない部分には部材がなく，最も大きな力のかかる部分に部材が集中している，ということができる。すなわち，部材を

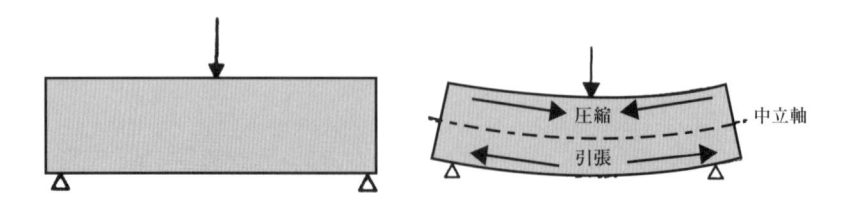

図5-3 コンクリート梁に垂直荷重がかかった場合の力の発生

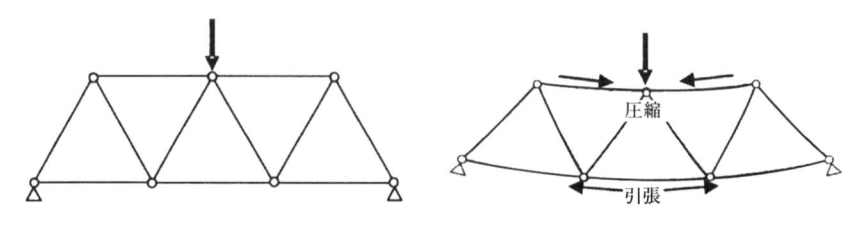

図5-4 トラスに垂直荷重がかかった場合の力の発生

最も必要な場所にのみ集中させるのである。こういうケースを「部材効率がいい」という。

　この「部材効率のよさ」は景観にどのような性格を与えるだろうか。「部材を最も必要な場所にのみ集中させる」ということは，逆にいえば「さほど大きな力がかからない部分には部材を置かない」，ということにもなる。部材が置かれない部分は当然，空洞となる。この「部材効率追求」という動機から，「空洞化」という景観が偶発的に生起するのである（図5-5）。

(3) デフォルメ

　テクノスケープにはそもそも具象的なモチーフがあるわけではなく，ブラックの「ピアノとマンドリン」の絵画や自然の山をモチーフとした慈照寺向月台のようなデフォルメは生じない。しかし，キュビズム第2段階におけるデフォルメが，バラバラになった対象のカケラをちりばめるような手法であったことを思い出すと，テクノスケープにもこれにたいへん似た特性が見出されないだろうか。

　本書3.5では，反図像性というテクノスケープの特徴が導き出された。この，図と地の非分極化という現象によって認識される像はすなわち，構造物それぞれの断片に帰着するといえる。入り組んだ構造物群，特に線的要素が卓越し図と地の境界が不明瞭な構造体が交錯して配置され，さらにその隙間から向こうにあるタンクの断片が顔をのぞかせる，といった類である。このような景観特性を，デフォルメによる景観異化のポテンシャルとして指摘しておきたい（図5-6）。

図5-5　空洞化
京浜工業地帯安善地区

(4) 輪郭破壊

　ランドアートはスーパーヒューマンスケールをもつことで輪郭破壊による景観異化を実現していたが，これと同様のポテンシャルをテクノスケープはもっている。

　電波塔のところでも述べたが，工業施設や土木構造物は非常に大きなスケールをもっている。土木構造物は圧迫感があるのでそれを緩和しようという景観デザインが通念化していることからもそれは明らかである。

　巨大な構造物の視覚像を中〜近距離から体験すると，どのようなことが起きるだろうか。これもランドアート同様，構造物の輪郭破壊が生起しやすい。無理をして思い切り上方を見上げないことには輪郭を認知することは困難なのである。輪郭が認知できなければそれを「図」として認識することも困難となり，それにかわってテクスチャーや色彩など表面的な特徴がむしろ引き立つ。

　茨城県・三和町にある電波塔と岩手県・松尾村にある地熱発電所の冷却塔を，近傍で広角レンズを使わずに標準レンズで撮影してみた（図5-7）。どちらも輪郭を含めて撮影しようとすると，かなりのひきを取らなければならない。現地に行って見ることのできる景観はむしろ，図のようにボルトや細かなトラスといったテクスチャーが卓越することとなる。

(5) 単純反復

　単純反復はテクノスケープの特徴としてたいへん顕著に現れてくる形態である（図5-8）。同じ形・同じ大きさのタンクが整然と並んでいたり，同じ型枠を用いて製作されたコンクリートの消波ブロック（テトラポッドなど）が林立しているような光景はよく目にする。また，巨大なガスタンクを支える支柱群などのように，同じ形・同じ大きさで円環状に配列されているような場合もある。

　若干景観の話からはそれるが，経済学に「規模の経済」という言葉がある。経済学辞典などでは一般に「生産量の増加にともない利益率が高まること」と定義されている。例えば，原油を生産ないし運搬するにも，扱う量を増やせば単位量あたりにかかる費用（これを「平均費用」と呼ぶ）が低下し，効率がいい，ということである。その一方で，例えば原油を備蓄しようとした場合，1つのタンクの大きさには当然，どこかに限界がある。あまりにもタンクが大きすぎると，つまり貯める原油の量が多すぎると，その圧力でタンクの壁が壊れてしまう恐れがある。こうして"最も効率のよい大きさ"にそれぞれのタンクを統一し，大量の原油を各々に等しく分けて貯蔵するのが最も効率的となる。

第5章 テクノスケープの展望　163

図5-6　デフォルメ
栃木葛生町砕石プラント

図5-7　輪郭破壊
NTT名崎無線送信所（左）と松川地熱発電所冷却塔（右）

図5-8　単純反復
京浜工業地帯浮島地区

これに関連して,「規格化」という言葉もある。同じ形,同じ大きさのものを大量生産すればそれだけ生産効率が上がることとなり,この結果文字通り「同規格」の"製品群"が並ぶのである。

一方,力学的な観点からはどうであろうか。これは先ほどタンクの円形となる理由を説明したときの理屈に似ているが,例えばタンクの支柱群などでは,それぞれの支柱にかかる力(応力という)を等しくすることが力学的に最も効率的とされている。どれか1本に偏って大きな力がかかれば,その1本のみが最も高い確率で破壊の危険にさらされることになる。構造物が対称形で各支柱も同型の場合,各々に応力が等しく分散して力学的にも最も安定する。

このように,経済性,力学的効率という2点から概観しただけでも,単純反復景観がきわめて起こりやすい形態であることが理解できる。ミニマルアートで多用されるこの形態は最も顕著な工業の形態といえるかも知れない。

単純反復景観の生起要因の探求,そしてその意味論の展開は筆者個人としてもたいへん興味深いテーマである。現在これについて,一連の「テクノスケープ・レトリック論」の1つとして研究を継続中である。ここでその詳細を記述することは紙面の制約上難しいので別の機会にご紹介することとしたい。

(6) エフェメラル

構造物の耐久性が最近大きな話題となっている。構造物がしっかりと働き続けられるだけの年数を「耐用年数」と呼ぶが,それはおおむね50〜100年とされている。それに対し,支保工やベント,クレーンなどの架設構造物や施工プラントが形成する「施工現場の景観」のように,日々刻々と変化するものもある。果たしてこのような架設現場の景観がテクノスケープとして価値を獲得し得るか否かについては今後さらなる議論が必要であるが,写真家・山根敏郎や柴田敏雄はたいへん示唆的な手法で施工現場の風景を芸術作品に昇華させている。テクノスケープとして施工現場の景観にも一抹の可能性が残っているとすれば,この「エフェメラル」という特性はそれを大いに特徴づける重要な要素となるかも知れない(図5-9)。

5.1.2 コンテクストの操作

(1) 垂直フレーミング

橋の橋脚は橋の下を通る人にとって最も身近な存在であるが,「圧迫感を与えるもの」として敬遠されることが少なくない。実際景観設計においても,面取り

や陰影処理などを施し，できるだけその存在感を軽減させる措置がとられることが多い。

一方で，二柱式の橋脚は景観異化という観点からは大きな可能性をもつものといえる。つまり，2つの柱と上部工の下フランジによって垂直フレームが形成されるのである（**図5-10**）。これによって結果的に，フレーム越しに上部工の下フランジの景観や対岸の景観などが枠取られることとなる。前述の中村良夫によってこのような試みが既に茨城県古河総合運動公園にて行われている。

図5-9　エフェメラル
橋梁施工現場の支保工

図5-10　垂直フレーミング
古河総合運動公園の橋

(2) 平面フレーミング

　工業地帯や工事現場においては，作業ヤードなど各敷地の境界が非常に明快であり，波形矢板やフェンスなどで平面的にフレーミングされている場合が多い（図5-11）。また，船舶物揚げ用の運搬クレーンなども明確な平面フレーミングを生じさせる。

図5-11　平面フレーミング
京浜工業地帯浅野地区

図5-12　鉛直秩序（左）およびライトアップ（右）による遊離化
ラサ工業宮古鉱山煙突（左），三菱マテリアル秩父プラント（右）

(3) 遊離化

　電波塔や煙突などの塔状構造物は，平面地形に対し強烈な垂直秩序をもち周囲から遊離化した景観を呈する．また，一般に夜間の工業地帯においては管理目的で工業プラントがライトアップされることが多く，結果的に周囲のコンテクストは闇によって消去され，ライトアップされた工業プラントが周りから浮き上がって見えることが多い（図5-12）．

(4) 言語テキストの付加

　工業施設や土木構造物で特に同一のユニットの構造物が連続的に配列されている場合，管理の便宜上各ユニットに番号やアルファベットのテキストが施されて

図5-13　言語テキストの付加
上：番号テキスト（酒匂川飯泉取水堰）
下：アルファベットのテキスト（日立製作所日立工場）

いることが多い。アーマジャニは詩的テキストを構造物に施し異化を実現したが，このテクノスケープの例では番号テキストという非常に強い無機的性格が構造物に付与されることとなる。余談になるが，日立市にある数多くの巨大な電気工場群にはAからZまでのアルファベット文字が連続して施されており，その存在感は子どもの頃の筆者にとっても独特で意外にも幻想的に感じられたのを記憶している。それはまさに"冷たさ"とでも呼べるような「無機的感覚」であった。幾何学的形態をした工場群のみならず，それぞれに施された無機的なアルファベットの記号群によって，あの町特有の景観が形成されていたように思えてならない。これは各プラントに対する広義の「名付け」行為とも捉えられるが，その名称が具体的な意味付けを行うものではなく，むしろ数字や表音文字という無機的記号であることが特徴的である（**図5-13**）。

(5) 遠隔立地

　いくつか例外はあるも，工業施設や土木構造物には，人々のアクセスが困難な山間地など，都市からの遠隔地に立地するものが少なくない。特に治水，発電，精錬などのように，都市生活に直接的に結びつかない機能をもつ施設は，商業施設や交通施設に比べて都市内に立地するメリットは相対的に小さい。結果的にこれらは遠隔地に立地することとなり，"パブリックアクセス"を介した同化・埋没過程を生じさせにくくなる。

図5-14　自然と人工の二元対峙
京浜工業地帯内の千鳥公園

(6) 二元対峙

一般に幾何学的・人工的な形態を呈する工業施設や土木構造物が，乱雑さをもつ自然地形の中に投げ込まれた場合，ハイザーが創出したような「自然形態vs.幾何学的形態」の二元対峙による景観異化が生起する（図5-14）。

(7) コラージュ

一般に工業地帯には多様な機能をもつプラントが集積しており，それぞれ多様な形態をもっている。例えばセメント工場であれば，セメントを焼成するためのキルンや廃熱用のボイラー，塵で汚れた排気ガスを浄化する集塵装置など，各製造プロセスで用いられる施設がその機能ごとに特徴的な形態を呈しており，工業地帯全体ではこれらが同一の敷地に集積することとなる。このような工業地帯が斜面地に立地する場合は特に，個々の異種形態の混在が鮮明にコラージュとして認識できる（図5-15）。

(8) 反遠近構図

それぞれが多様な機能をもつ工業施設群は，各施設間のスケール差もきわめて大きく，またテクスチャーも単調な構造物が多い。これによって遠方と近傍に位置する構造物のスケール差や質感の差異による遠近関係の把握が非常に困難となる。すなわちテクノスケープでは，私たちが日常身の回りを見ているような「遠近法」によって景観全体を捉えることが困難な場合がある。**第3章**で挙げたテクノスケープの「構造物の遠近的非序列化」という特徴がこれに相当する。結果的

図5-15　コラージュ
東邦亜鉛安中工場

に私たちは，いわば"遠近感を失った景観"を体験することになるのである（図5-16）。

(9) コンテクスト置換

　産業遺産・産業廃墟として長く存在する土木構造物や工業施設は，時の経過とともに汚れや明度の低下が生じ，構造物が独特の味わいを見せることが多い。これを専門用語では「エイジング」というが，これによって構造物は一般に周囲の環境に"同化"することとなる。しかし，周囲のコンテクストが時間の経過とともに大きく変化するような場合には状況はかなり異なる。このような場合に古い構造物は時間的変化から取り残され，結果的にコンテクストが入れ替った状態で対象が存在し続けることとなる。例えば，京浜工業地帯内にある「川崎河港水門」などはその典型である（図5-17）。現地に行くと，周辺が新しい工業景観で囲まれているにもかかわらず，この"古めかしい"水門だけが時間が止まったかように立っている姿に出会う。「孤高を持する」などというと少し大げさだが，この地がかつて大正時代に計画され戦時体制への突入とともに頓挫した幻の「川崎大運河計画」の重要な場所であったことを知ると，さらにこの古い構造物の特別な意味が増してくるであろう。

　これとは全く逆に，今まで茫漠としていた場所に，人工的構造物が忽然と姿を現すことがある。このようなケースでは既存景観にある種の「改変」が生じてしまうため，従来の状態を維持することが望まれるような状況では景観破壊として捉えられかねない。しかし，既存景観が茫漠としすぎていて，むしろそこに新たに活性化された景観が望まれうる状況であれば，工業施設や土木構造物は格好の「景観活性剤」として機能する可能性があることも留意すべきであろう。例えば，鹿島臨海工業地帯には，人工港を浚渫した際に生じた砂を積み上げた結果生じた「砂丘」がかなりの範囲に広がっている。これはまるで人為が作り出した広大な砂漠のような不思議な空間だが，ここを海岸の方に歩いていくと彼方に発電所と貯油タンク群が図5-18のように忽然と姿を現す。これは既存の砂丘景観を凍結的に維持する観点からみれば明らかに景観破壊であるが，この茫漠とした砂漠景観を活性化させるようないわば風景の「カタリスト（触媒）」として工業施設を活用することも可能かも知れない。自然景観破壊と紙一重の議論であるだけに注意を要するが，テクノスケープのこのような可能性は，例えば海洋や山岳地帯に忽然と現れる風力発電施設の景観検討などにおいて，今後議論されていく余地があろう。

第5章　テクノスケープの展望　　171

図5-16　反遠近構図
京浜工業地帯北部第一下水処理場

図5-17　コンテクスト置換(1)
古い構造物がコンテクストの時間的変化に取り残されるケース：川崎河港水門

図5-18　コンテクスト置換(2)
既存コンテクストに新しい構造物が現れるケース：鹿島臨海工業地帯

5.1.3　見立てによる異化：リノベーションの景観的可能性

　上記の「対象変歪」「コンテクスト変歪」における異化は，主に「意味の曖昧さの発現」の手法として位置づけられた。これに加えて，もう1つ，さらに大胆な異化の方法がある。詩的言語論にあった「コード対立」である。

　先にみた「二元対峙」や「コラージュ」も「いくつかの形」という複数コードの対立であったが，これを「いくつかの意味」に置き換えてもコード対立が生じ得るのではないか。これは当然，コード対立の議論が行き着く考え方であるといえないだろうか。

　しかしこの考え方もまた，突拍子もなく斬新的な考え，というわけではない。わが国の伝統的美学として定着している「見立て」というものがこれにあたるからである。

　山口昌男，高階秀爾によれば，見立てとは「似ているところを残しながら形を変え，距離感を作り出すことでものの見方を変える」美学であるといわれている[1]。例えば，「落花枝にかへると見れば胡蝶かな」という荒木田守武の俳句がある。簡単に言うとこのような意味である。「あれ？　枝から落ちた花がふたたび枝に戻ったぞ！　な〜んだ，よく見たら花じゃなくて蝶だったんだ」。何ともユーモラスな，そして守武の素朴な自然観察の眼差しが感じられる風流な句ではないだろうか。

　ここでは胡蝶が落花に見立てられている。確かに胡蝶と落花は外形が似ている（これは昆虫学でいう蝶の"擬態"かも知れないが）が，枝と地面の間の移動方向は正反対である。この「外形」という類似点と，「移動方向」という相違点が共存することで独特の面白さが生み出されているのである。このように見立てる／見立てられるものを繋ぐ糸としての「類似点」，一方，できるだけかけ離れていることが望まれる「相違点」の両方が共存していることが，見立ての味わいを引き出すカギであると考えられている[2]。なお，山口と高階は，見立てが「異化」に近く，多義的面白さを作り出す装置でもあると指摘している。

　それでは，この「見立て」がどのようにテクノスケープの景観異化に繋がるのであろうか。これを生起させるための最も重要なキーワードは「リノベーション（用途転用）」である。つまり，構造物のハードは残したまま，その用途を変化させるのである。リノベーションは歴史的近代建築の有用な保存活用策の1つとして知られているが，その魅力は決して「古きよきものの有効な保存手段」だけにはとどまらない。歴史資産を保存するだけでなく，景観の新しい面白さを創造しうる重要な考え方なのである。具体例を見てみたい。

図5-19 旧名古屋市稲葉地配水塔（現・演劇練習館）

　図5-19は，名古屋市中村区にある演劇練習館である。しかし，一見してすぐにこれが演劇練習館だとわかる人はあまりいないかも知れない。外見は「建築」としてはちょっと奇妙である。ご想像のように，これは昔，給水塔として使われていた構造物なのである。1989年には名古屋市の都市景観重要建築物にも指定されているが，もともとは1937年に稲葉地配水塔として竣工したものだ。その後廃止され，1965年には一旦図書館となったが，1991年に現在の用途に転用されている。

　外見もそうだが，丸い平面形状やそれが反映された内部に「給水塔」であった名残がうかがえる。給水塔と現"建築"には「屋根がついていてその下に空間が造られている」という類似点がある一方で，もともとの「給水機能」と現在の「演劇練習館」という両用途のギャップは非常に大きく，それによって単なる演劇練習館にとどまらない面白さが引き出されていると考えられよう。

　似たような面白い事例が，ドイツ・ケルン市と神奈川県相模原市にある。前者は1868年竣工の旧配水塔をホテルに改造した「ケルン給水塔ホテル（Hotel im Wasserturm）」である（図5-20）。外観もさることながら，内装では部屋が放射状に割られるなどもともとの円形平面を活用した面白い空間が展開している。一方，神奈川県相模原市にある「相模原老人福祉センター渓松園」（図5-21）もまた，もともとは1934年竣工の「大島送水井」という水道施設を転用したものである。名古屋とケルンの例がある程度「面白さ」を狙ったものであるのに対し，こ

図5-20　旧ケルン給水塔（現・ケルン給水塔ホテル）

の老人ホームは単なるハードの有効利用という経済的理由から用途転用されたのだが，その面白さが偶然に実現しているところが非常に興味深い．

　以上の3例はもちろん，歴史的構造物を壊すことなく，資産として活用するというメリットを大いに含んでいるが，その効果は景観的側面にも及んでいる．すなわち，「給水塔を演劇練習館やホテル，老人ホームに"見立てる"」という一種の「見立ての美学」が生み出されているのである．そしてこれは明らかに，前章で述べた「意味の組替えによる異化」にほかならない．水を流し，導水勾配を調節して流れやすくする，といういわば数学的，物理的，どちらかといえば非人間的な機能によって造られ，その機能を円形という平面形状に反映する施設が，演劇練習，宿泊施設，老人の憩いの場，といったあまりにも対照的で人間味溢れ温かみのある用途に用いられる，いわば「相違点」をもしっかりと持ち合わせているのである．

　残念ながらリノベーションによる景観（空間）異化に関しては未だほとんど議論されていないが，先の芸術論とのアナロジーで行ったような手法の分類整理が恐らく可能なはずである．これについては今後の研究でさらに深く考えていくこととしたい．

5.2　テクノスケープの同化

　景観異化によるテクノスケープの価値があるとすれば当然，それと対をなすべき景観同化の価値も存在する．これは道路線形への緩曲線導入や法面のすりつけ・勾配緩和，構造物の色彩・テクスチャー操作による周辺環境への溶け込ませ

図5-21　旧大島送水井（現・相模原老人福祉センター渓松園）

などをはじめ，従来のインフラデザインにおいてはむしろ主流をなしてきた考え方である。これらについては多くの著書において既にその意義や有効な手法が議論されているので詳しくは触れないが，ここでは「時の経過が生み出す景観同化の価値」という点について触れておきたい。

近年「近代化遺産」「産業遺産」という価値がわが国でも認められてきている。本書の冒頭で述べたように，技術史，意匠，さらに地域産業史や地域生活史といった系譜的価値を土木構造物や工業施設に認め，それを維持すべく構造物を保存活用していく姿勢である。しかし，このような近代化遺産ならではの景観的価値とは何か，ということについては議論が未だ十分とはいえない。前述の「エイジング」ということだけで話が完結してしまうかというと，必ずしもそうではない。

この課題について，筆者は最近「産業廃墟景観論」というテーマで研究を継続している[3]。「廃墟」などというとなにやらマニアックな世界というイメージをもたれるかも知れないが，廃墟景観活用の歴史は意外にも古く，18世紀イギリスのピクチャレスク庭園（図5-22）にまで遡る。筆者の成果は未だ途上であるが，大まかに「時の経過が生み出した廃墟景観の価値」を挙げると，(1) アイキャッチャーとしての可能性，(2) 自然（じねん）景観としての可能性，(3) 尚古象徴としての可能性，(4) うつろい景観としての可能性，の4点に要約できることがわかっている。当然これらはピクチャレスク庭園という限定された空間の中に廃墟を意図的に溶け込ませるための価値付け法であったと思われるが，この概念はさらに近代化遺産の景観同化手法として応用可能なものへと発展させていきたい。

以上は景観の物理的側面に着目した「景観同化」の議論であったが，本書でも

図5-22 イギリス・ストウの風景庭園にある人工廃墟 (The Artifical Ruins)

見てきたように，景観同化は「パブリックアクセスによる親密化」という対象自体の物理的操作以外のプロセスでも実現することがわかった。これには (1) 直接物理的に構造物に近づかせる"物理的アクセス"，(2) 構造物を見えるようにする"視覚的アクセス"，そして (3) 媒体を通して構造物に触れる"解釈的アクセス"の3つが提起されているが，特に(3)が同化という景観価値を実現する創作行為であることは景観研究者の間でも意外と認識されてこなかったかも知れない。景観デザイン＝形態と視点場のデザインという図式が極度に一般化してしまっていることに要因があるが，価値の社会還元を目指すならばその価値の事後的啓発も「デザインプロセス」の1つであると捉えることができるであろう。やや極論だが，形態操作がいたって建築的な景観操作を意味するとすれば，この解釈的操作は，スケールが大きく建築のようにきめ細かな形態操作が相対的に施されにくい土木構造物を考えていく上での1つの有効な手がかりになるかも知れない。建築的意匠に追随してきた従来の土木景観デザインの流れに対して，もう1つの新しいパラダイムを打ち出しうる概念といえないだろうか。ガスワークス・パークの成功は，この可能性を大いに示してくれていると思う。

最後にこれに関連して，「価値の社会的啓発」ということの重要性を筆者なりに提案してみたい。

5.3 テクノスケープの価値の社会的啓発

構造物の景観設計とは従来，対象やその周りの空間，そして視点場をアレンジすることに主眼が置かれてきた。これはこれからも設計者の重要な役割であり続

けていくと思うが、もう1つ、この「景観価値の社会的啓発」ということをこれからの設計者の重要な務めとして提案しておきたい。特に、テクノスケープについてはこの重要性が大きいと思われる。

　ここまで見てきたように、テクノスケープの価値はいわば偶発的に発見された場合が多いといえる。所期の形態形成原理として力学があったり、経済性があったり、つくりやすさ（施工性）があった。そして、今度はそこに時間というまた別の現象が事後的に作用し、構造物の現在の形を決定した。このようにいわば美的には無為自然のまま形成されてきた景観に対して、現代の人々が価値を発見しはじめているケースが少なくないのである。

　このことを突き詰めると、「景観の価値とは何か」という根本的な課題に行き着くことになる。景観の価値が発見され、それが集団に共有され、そしてその景観が社会的に価値を獲得する、というプロセスがあるとすれば、この「価値発見」「価値共有」ということ自体を創出し、あるいは促進していくことも当然、広義の景観設計者（コーディネーターと呼べるのかも知れない）の重要な任務であると言えないだろうか。この任務が社会的意義をもつことは十分にあり得る。あるいはこのことは、一般の人々に景観の価値を感じてもらうという、いわば景観デザインの常識への回帰とも呼べるものなのかも知れない。完成後の景観を予測・シミュレートして形を決める「完成前の設計作業」に加え、「完成後の価値啓発」も積極的に行うことで、その景観の価値はより多くの人々に共有されていくのではないだろうか。「完成前の設計作業」が欠落したテクノスケープでさえも社会的価値を獲得するという現象は、「完成後の価値啓発」の力の大きさを大いに期待させてくれるものであろう。事実、近代化遺産の景観などについては「完成後の価値啓発」が非常に大きな比率を占めていることは言うまでもない。

　それでは、この「完成後の価値啓発」としてわれわれは具体的に何をやっていけばいいのだろうか。景観を対象としてこのことを突き詰めた研究や文献はほとんど存在していないのが現状であるし、筆者も目下試行錯誤中、というのが正直なところである。しかし、先のガスワークス・パークの設計者であるリチャード・ハーグ教授がマスコミに積極的に働きかけて住民にガスプラントの価値を懸命に説いて回った、という逸話は大いに示唆的である。一方日本では、川俣正、小林康夫、隈研吾といった美術家や哲学者、建築家の間で、"景観の価値とは何か？"というあまりにも根本的かつ重要なテーマでの公開シンポジウムが開催されている。これに加えて、景観に直接携わる技術者や景観設計家が中心となって「景観の価値」そのものを議論するようなシンポジウムがもっと行われてもいい。

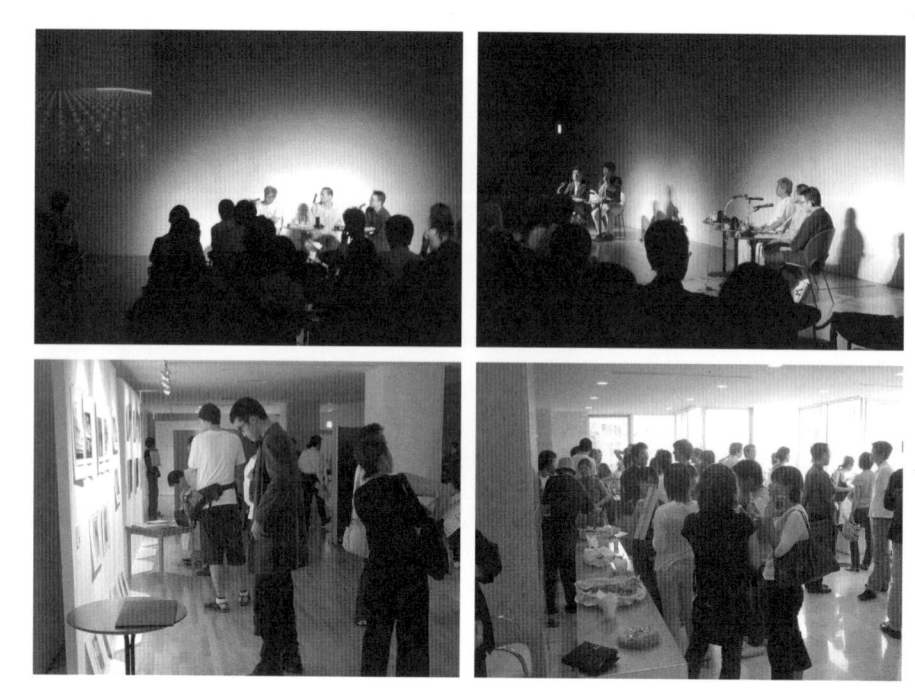

図5-23　LAUDシンポジウム2002「土木デザイン・パラドクス」会場風景
（写真提供：御代田和弘）
飯田鉄，福田則之，新良太の3名の写真家，LAUD，および聴衆の間で活発な議論が交わされた

　聴衆には専門家のみならず，景観の専門外の人たちも参加してもらう必要があるだろう。これはオブザーバーの価値観や社会的ニーズを参照する絶好の機会となるのみならず，プロの発見・創出した価値を参加者と共有するという有意義な機会ともなりうるのである。それもできれば一方通行の価値の伝達などではなく，むしろ参加者によって価値をさらに発展させるための場となり得ないだろうか。
　まだ試みの段階ではあるが，2002年夏，筆者が参加する「LAUD」というグループが「写真家が発見する土木風景」というテーマで初めて大きなシンポジウムを開催した。このグループは若手のデザイナー，エンジニア，建築家，研究者などが一堂に集まり，景観の価値とは何かについて議論を交わす，というものである。そのシンポジウムでは，実際に工業プラントや高架橋，町工場や近代建築を撮影している写真家を招き，その価値発見のプロセスを披露してもらった（図5-23）。その後写真家やデザイナー，筆者のような研究者を含む壇上のパネリスト，そして聴衆が一体となって「今見た価値とは何なのか」というテーマで話し合い，実に活発な議論が展開された。このシンポジウムで「これからの土木デザインの

可能性」を広げようというデザイナーサイドの目的も十分に達成されたとは思うが，それと同等の意義があったとすれば，それは少なくともシンポジウムに参加した約200名の"景観専門外"の参加者（例えば機械エンジニア，事務職のサラリーマン，印刷会社の社員など）に対し，「テクノスケープの愉しみ方」について改めて考え，その価値を理解，共有する場としても機能したのではないか，ということである。このシンポジウムの今までにないオリジナリティはまさにここにある。このような作業は，専門外の人々に対する用語の使い方や概念説明などに多大なエネルギーを要するが，いつか大きな"社会的意義"のあるプロセスとなるよう，今後も継続していきたいと考えている。

　このように，エンジニアやランドスケープ・アーキテクトが関連する異分野の人とタイアップして一般市民とともに価値探求を考えていくというイベントは欧米では既に数多く行われている。筆者はたまたま，1997年にフランス・ストラスブールで行われた「都市空間と景観セミナー」（欧州評議会，ストラスブール市，在ストラスブール日本領事館共催）と，2002年にアメリカ・バッファロー市で行われた「シンポジウム・活動する風景のなかの産業遺産」（ニューヨーク州立大学バッファロー校建築計画学科，ナイアガラ地区ランドマーク委員会ほか主催）に参加する機会を得た。これらはいずれも，ランドスケープ・アーキテクトや芸術家，写真家，建築家，社会学や歴史学の研究者がともにテーブルを囲み，都市や工業プラントの景観的価値やその社会的存在意義などについて参加者の一般市民を交えて議論するというものであった。ここでも，これからの設計・計画方針に対する新しいアイデアを出し合う，ということに加え，「public awareness（市民認識）」そのものの向上がその目的として明確に掲げられていたのである。

　このような議論を筆者の周りのデザイナーや専門家にもちかけると，ほとんどの方は「面白い」と理解してくれるが，ごくまれに「大衆に媚びへつらい迎合するような行為であり，デザイナーもしくは専門家として不本意である」などという答え方をされる方がいた。これはたいへん残念な誤解であるように個人的には思えた。

　オブザーバーの評価を意識することは，デザイナーや専門家がつくり出したものに実際に触れる人々，しいては客体そのものへの主体の働きかけであるに過ぎないのではないだろうか。客体のニーズに対する関心を弱めたとき，あるいは主体が発信した行為や実践に対する客体の評価を軽視しはじめたときこそ，主体は客体から乖離しはじめる危険性がある。このことは同時に，主体の社会的孤立をも意味しかねない。

「景観の価値を決めるのは，それを見る人全員である」

　テクノスケープを考えることは結果的に，このようなオブザーバー主体の景観評価とは？という根本的な命題に結びついた。しかしそれ自体が実はデザインの出発点であったはずではないか，というところに，この議論は立ち返ってしまうのである。この"テクノスケープ論"は，筆者が議論を始めてから今日まで「斬新なテーマである」として評価していただいてはいるが，実はこの議論は最も根源的なデザイン論を再確認する作業も兼ねているのかも知れない。

　いずれにせよ，現段階ではテクノスケープ論はまだまだ「発展途上」と言わざるを得ない。本書でご紹介した各論も，まだ議論不足の領域をあまりにもたくさん残したままである。しかしこれは逆に（楽観的に）考えれば，「さらなる発展的余地がたくさんある」ということでもあるだろう。今後，これらの山積したそれぞれの課題についてもじっくりと議論を展開していきたいと思う。テクノスケープ論の続編に期待をお寄せいただければ幸いである。

[第5章　参考文献]
1）山口昌男，高階秀爾「『見立て』と日本文化」日本の美学24，ぺりかん社，1996
2）鈴木廣之「類似の発見」日本の美学24，ぺりかん社，1996
3）岡田昌彰「産業廃墟景観論・試論」ランドスケープ研究vol.64, No.5, 2001

図版出典一覧
特記ない場合は，筆者が撮影あるいは作成した。

口絵
福田則之撮影，宇野昇平（LAUD）デザイン

第1章
図1-1　ニューヨーク近代美術館蔵

第2章
図2-5　鶴見臨港鉄道発行
図2-6　東亜建設工業㈱提供
図2-7　東京国立近代美術館蔵
図2-18　明治製菓㈱提供
図2-19　朝日新聞2000年3月13日号
図2-24(右)　神村崇宏撮影
図2-38　㈳東京都観光協会編『首都東京大観』1959
図2-45　東京都足立区立郷土博物館蔵
図2-46　絹田幸恵『荒川放水路物語』ＩＳコム，1990を元に作成
図2-47　今井栄一撮影
図2-50　東京電力㈱提供

第3章
図3-10　板橋秀一『知識・知能と情報：脳のはたらきと情報処理』近代科学社,1992

第4章
図4-2　ニューヨーク近代美術館蔵
図4-3　ニューヨークメトロポリタン美術館蔵
図4-4　グッゲンハイム美術館蔵
図4-5　ブリジストン美術館蔵
図4-6　ティッセン・ボルネミッサ美術館蔵
図4-9, 図4-10　ジョン・バーズレイ著，三谷徹訳『アース・ワークの地平：環境芸術から都市空間まで』鹿島出版会，1993
図4-12　"Christo & Jeanne-Claude" ,Taschen, 1995（photograph by Wolfgang Volz）
図4-13　アンソニー・ドフェイ・ギャラリー蔵

第5章
図5-23　御代田和弘提供

索　引

あ
アーウィン，ロバート　　145
アーマジャニ，シャー　　146
曖昧さ　　128
浅野總一郎　　28, 43
足立音頭　　93
荒川放水路　　86, 100
アレクサンダー，マグダ　　64

い
異化　　102, 106, 126, 155, 157
一元的統辞性　　123
稲葉地配水塔　　173
異物混在　　154
意味の空漠化　　135
意味の組替え　　154
イメージの分類　　101
イリュージョニズム　　134, 139
岩淵水門　　23, 95
インターナショナルスタイル　　33, 49
隠喩　　128

う
ウォーターフロント　　41
牛島憲之　　109, 136
海芝浦駅　　43

え
エイジング　　170
エッフェル塔　　79
エフェメラル　　142, 164
遠隔立地　　146, 168
遠近的非・序列化　　123

お
扇島　　29
大島送水井　　173
応用美学　　125
おばけ煙突　　92

か
解体　　132
掛詞　　129
鹿島臨海工業地帯　　170
ガスタンク　　14, 158
ガスワークス・パーク　　21, 150
価値啓発　　23, 176
価値転回　　107
歌謡曲　　71
枯山水庭園　　150
川崎運河　　33
川崎河港水門　　170
川崎市歌　　41
川崎マリエン　　42
観光ガイドブック　　59, 76
姜榮祚　　111
緩和　　54

き
キーストーン　　157
記憶再現実験　　112
規格化　　164
記号学　　127
如月小春　　60
北原白秋　　31
規模の経済　　162
給水塔　　173
キュビズム　　131, 134, 137
仰角　　115
近接視点場　　60
近代化遺産　　23

く
空中の滑走　　85
空洞化　　142, 159
草刈りの碑　　91
九段小学校　　49
クモハ12054系　　43
クリスト　　144

け
景観異化　　106, 130, 153
景観工学　　48, 125
KJ法　　72
形而下　　24, 101, 109
形而上　　24, 101
京浜工業地帯　　27, 42
　──工業景観イメージの変遷　　46
ケルン給水塔ホテル　　173
言語テキストの付加　　146, 167
顕在　　54

こ
公案　　150
校歌　　35
公害問題　　37, 40
工場緑化　　38
構造デザイン　　56
構造内部の探検　　84
鋼鉄風景　　31
高度経済成長　　37, 90
コードの対立　　128
古賀春江　　31
小松川閘門　　95
古典的景観論　　121
小堀遠州　　153
コラージュ　　136, 153, 169
コンテクスト　　101, 129
コンテクスト置換　　149, 170

さ
砕石プラント　　163
相模原老人福祉センター　　173
殺意の風景　　44
佐野利器　　49
産業遺産　　170
産業廃墟景観論　　175

し
シアトル　　21, 65
シーラー，チャールズ　　19
視軸　　115
慈照寺　　151
詩的言語論　　128
視点移動　　115

自動化　　126
地熱発電所　　162
支保工　　164
社会的環境　　99
ジャッド，ドナルド　　139
遮蔽　　54
重層的意味作用　　128
自由と倫理　　49
シュールレアリスム　　137
シュクロフスキー，ヴィクトール　　126
取水堰　　167
首都高速道路　　47
　──のイメージ変遷　　62
シュヴィッタース，クルト　　137
瞬間露出実験　　112
笙野頼子　　44
親水性　　89
親密化　　105

す
スーパーヒューマンスケール　　48, 142
スカイウォーク　　59

せ
セイヤー，ロバート　　100
セザンヌ，ポール　　133
設計思想　　50
セメントサイロ　　113

そ
創作論　　128

た
大斜線型　　115
代償　　54
大仙院　　152
大徳寺　　153
ダイナミズム　　102
第二の浅草　　33
タイムスリップ・コンビナート　　44
高階秀爾　　132, 172
タキストスコープ　　112
タワー型　　113
単純化　　132
単純反復　　140, 162

索　引

弾正橋　23

ち
地域啓発　109
知覚体制化　111
千鳥ケ淵　51
調和構図　123

つ
束型　115
筒井康隆　126
鶴見臨港鉄道　29

て
テクノスケープ・レトリック論　149
テクノフィリア　100
テクノフォビア　100
デザイン・ボキャブラリー　157
デフォルメ　134, 161
デペイズマン　137
天王貯水池　157
電波塔　61, 167

と
塔　64
トゥアン, イーフー　100
同化　101, 174
東京人　75
東京タワー　61
　──のイメージ変遷　79
東京電燈火力発電所　88
トポフィリア　100
取合わせの妙　123

な
永井荷風　92
中島浄水場　157
中村良夫　121, 165

に
二元対峙　136, 148, 153, 169
日本鋼管リプレイス計画　38

の
ノルドシュテルンパーク　22

は
ハーグ, リチャード　21
バートン, スコット　148
廃墟　21, 175
ハイザー, マイケル　142, 148
排除　102
バイヤー, ハーバート　144
破調　153
パブリックアクセス　88, 96, 176
バルト, ロラン　81
反遠近構図　134, 169
反重力性　122
反図像性　121

ひ
ピクチャレスク庭園　175
日立鉱山　23
日野啓三　60
美の発見　157
表現派　23, 49

ふ
ファーレ立川　140
風土性　100
深川雅文　20
俯角　115
福田則之　口絵, 20, 178
部材効率　159
浮遊型　113
ブラック, ジョルジュ　134
フレーミング　145, 152, 164

へ
ベッヒャー, ヒラ&ベルント　20

ほ
ぼかし　144

ま
埋没　101
マシン・エイジ　20
マス型　113
松葉一清　48

み
ミス，マリー　146
水辺依存度　90
見立て　172
ミニマルアート　138
宮脇俊三　44

む
無意味な体制化　110
無機的視覚像　45, 101

め
メッセージの美的機能　128
メン，クリスチャン　50

も
モダニズム　57
モダン　28
元宿小学校　94

や
山型　115

ゆ
遊離化　146, 167
ユニット　70

よ
四本煙突　92

ら
ライトアップ　76
LAUD　178
ランドアート　141
ランドシャフトパーク　22

り
リノベーション　172
竜安寺石庭　152
輪郭破壊　142, 162

る
ルウィット，ソル　140

れ
冷却塔　162
レジェ，フェルナン　133
レトリック　130, 149

ろ
六郷水門　23
ロシア・フォルマリズム　126
ロング，リチャード　145

あとがき

　1993年2月19日，留学先のアメリカ・ワシントン大学マーサーホール寮に衝撃的なニュースが飛び込んできた。その夜NHKの国際放送を見ていたアメリカ人の友人によれば，わが故郷日立市の歴史的な大煙突が自然風化により崩壊した，とのことであった。

　故郷のシンボルとして長く原風景を形成し続けてきた「日立大煙突」崩壊のニュースは，地元市民と世界中の元市民たちに大きな衝撃と寂しさを共通にもたらしたに違いない。その事実を異国の地で知ることとなった筆者にとっては，それがひときわ大きく感じられた。大学寮の近くにあった「ガスワークス・パーク」を訪れ，工業景観の可能性に大きく期待を膨らませ始めていた時期であっただけに，大きな喪失感とともに「工業風景とは何なのか？」という探究心がいっそう強化されたのを記憶している。

　本書でも取り上げた京浜工業地帯や日立大煙突，ガスワークス・パークは，筆者の強力なレファレンスとして常に存在し続けている。この研究を始める直接的なきっかけとなった京浜工業地帯をはじめ，工業地帯の機能的形態の集積するテクノスケープは，新たな造形の宝庫として，あるいは訪問者に不思議な魅力を感じさせてくれるアート空間として，多くの可能性を期待させてくれる。前述のニュースの通り，日立大煙突は，テクノスケープとそれを日常的に眺める地域住民との心象的な関係を問う事例ともなった。残念ながら現時点では日立大煙突の景観イメージ分析には至っていないが，同様に顕著な鉱工業景観を有する基幹工業都市において，いくつかの調査分析を継続している。さらにガスワークス・パークは，地域資産としてのテクノスケープの可能性を，その維持管理，景観設計，および価値啓発の手法論とともに提示してくれている。

　新しいものの考え方や価値をことばで提起することが研究者の大きな社会的役割の1つであるとすれば，上記のように筆者自身が乏しい感性をもって実感しているテクノスケープの魅力の半分以上が本書においても未だ十分には明確化されていない。本書で取り上げた事例や提起した哲学も未だ氷山の一角にすぎない。たとえば，景観異化を実現するための手法論としてそのキーワードを列挙したが，各手法の意味論や実務的な応用可能性についても検討をさらに加えるべきであ

る。また，テクノスケープ・イメージ論の代表的事例として京浜工業地帯など4事例を扱ったが，このイメージ変遷ダイナミズムには，さらなる地域的特性，構造物の物理的属性（スケール，形態，位置関係等），あるいは社会的属性を加えた検討を行いたい。今後さまざまな基幹工業都市における鉱工業イメージ論をつぶさに調査分析していくことが必要であろう。

　また，「施工性」「経済性」「構造システム」という「美的に非・作為的な原理」によって形成されたテクノスケープが，偶発的に美的価値を獲得するというパラドクスについても，謎はまだ多く残る。"テクノ"が美に化ける現象は追えたが，その条件となるものは一体何なのか。景観的価値の発見と伝播，あるいはその意図的啓発の可能性はあるのか。単なる思いつきでその要素を羅列・推論するだけではなく，何らかの形で実証的にこのプロセスを追うために，これらの課題についてもさらなる実験的試みを繰り返し，その真髄に少しでも近づいていく努力を継続したいと思っている。第5章で触れた「美的に非・作為的な原理」のもう1つの重要な要素である「風化・劣化」の進行した構造物の景観についても検討課題は多い。

　以上，「鉱工業イメージ論」「テクノスケープ・レトリック論」および「産業廃墟景観（空間）論」は，本書の各論から派生すべきテーマである。それぞれについて一歩一歩研究を進めている状況にあるが，成果が出た暁にはいつか読者の方にご紹介する機会をもちたいと思っている。

　この研究を遂行するにあたり，東京工業大学の中村良夫教授（現名誉教授）からは学問的洞察への豊かな示唆を数多く与えていただいた。仲間浩一助手（現九州工業大学助教授），神村崇宏氏，篠原慎太郎氏，木村直紀氏，会田友朗氏をはじめとする優秀な先輩・後輩学生たちからも数々の知的な刺激と有力な助言を受けながら，本研究が出版に至ったことは大きな喜びである。また，出版にあたり多方面で便宜を図っていただいた鹿島出版会の橋口聖一氏，久保田昭子氏，資料提供を快諾していただいた諸機関の方々，そして筆者とは異なるジャンルから景観の可能性をともに探求し続けている写真家の福田則之氏，デザイナーの宇野昇平氏に深く感謝の意を表したい。

2003年9月10日　近畿大学景観工学研究室にて　筆者記す

著者略歴

岡田昌彰（おかだ まさあき）

1967年茨城県日立市生まれ
東京工業大学工学部土木工学科卒業
東京工業大学大学院博士後期課程修了
長大構造事業部、国土交通省国土技術政策総合研究所、東京大学アジア生物資源環境研究センターを経て、
現在、近畿大学理工学部社会環境工学科講師
博士（工学）

主な著書
親水工学試論、信山社サイテック、2002（共著）

主な論文
テクノスケープ・レトリック論としての単純反復景観に関する研究、ランドスケープ研究、Vol.63, No.5, 2000
産業廃墟景観論・試論、ランドスケープ研究、Vol.64, No.5, 2001
砿都・栃木葛生町におけるセメント工業イメージの変遷に関する研究、日本都市計画学会学術研究論文集、No.36, 2001
景観資産としての東京湾第二海堡に関する研究、土木学会海洋開発論文集第19巻、2003（共著）

監修者

中村良夫（なかむら よしお）
東京工業大学名誉教授

篠原　修（しのはら おさむ）
東京大学大学院工学系研究科社会基盤工学専攻教授

景観学研究叢書
テクノスケープ　同化と異化の景観論

2003年10月30日　発行©

監修者　　中村良夫・篠原 修

著　者　　岡田 昌彰

発行者　　新井 欣弥

発行所　　**鹿 島 出 版 会**
　　　　　107-8345　東京都港区赤坂6丁目5番13号
　　　　　Tel.03(5561)2550　振替 00160-2-180883
　　　　　無断転載を禁じます。
　　　　　落丁・乱丁本はお取替えいたします。

開成堂印刷（DTP）・半七写真印刷工業・富士製本
ISBN-4-306-07703-9　C3352　　Printed in Japan

本書の内容に関するご意見・ご感想は下記までお寄せください。
URL : http://www.kajima-publishing.co.jp
E-mail : info@kajima-publishing.co.jp

景観学研究叢書

土木・建築・都市・造園・歴史等の諸分野に及ぶ景観研究テーマをとりあげ、広く一般に紹介することを目的とし、各分野をつなぐ架け橋となる新鮮でダイナミックな視点を提供する、デザインの実務家にも大きな刺激とイマジネーションを与える叢書です。

景観水理学序論
落水表情の造形

逢澤正行 著　　A5・196頁　　定価3,360円（本体3,200円+税5%）

水の表情を分類分析し造形の対象として紹介

水の表情を扱う新たな研究分野である景観水理学について、デザインを志す人々に向けて、その概要を紹介する。落水形態とメカニズムの探究、落水表情の造形、水のイメージを景観研究のテーマとしたユニークな書。

主要目次
- 第1章　落水表情の水理学特性
- 第2章　落水表情の幾何学的特性
- 第3章　落水表情の実規模実験
- 第4章　落水表情のデザイン方法論
- 第5章　落水表情の造形論

構造物の視覚的力学
橋はなぜ動くように見えるか

石井信行 著　　A5・200頁　　定価3,360円（本体3,200円+税5%）

認知科学と構造デザインをつなげる基礎論理

認知科学の知見に基づいて、人間が構造物の形態に力と動きを感じるメカニズムを解説。彫刻と橋梁の事例分析を通して論理を展開し、躍動感を持った造形創出および橋の構造デザインを志す人々に向けて新鮮な視点を提供する。

主要目次
- 第1章　認知科学とデザイン
- 第2章　構造物と力のイメージ
- 第3章　理論モデルと方法論
- 第4章　力と動きの認知
- 第5章　視覚的力学のメカニズム
- 第6章　彫刻と橋梁の力動性認知

鹿島出版会　〒107-8345　東京都港区赤坂6-5-13　TEL.(03)5561-2551　FAX.(03)5561-2561　http://www.kajima-publishing.co.jp　E-mail:info@kajima-publishing.co.jp